欧洲规范应用译丛

贡金鑫　丛书主编

EUROCODE 2：BACKGROUND & APPLICATIONS DESIGN OF CONCRETE BUILDINGS（WORKED EXAMPLES）

欧洲规范 2：混凝土建筑设计应用与实例

［意大利］弗朗切斯科·比亚肖利　［荷兰］朱塞佩·曼吉尼　［德国］马丁·朱斯特
［德国］曼弗雷德·库尔巴赫　［荷兰］朱斯特·瓦尔拉文　［奥地利］苏珊娜·格雷纳
［西班牙］何塞·阿列塔　［法国］罗歇·弗朗克　［法国］卡罗琳·莫兰
［法国］法比耶纳·罗贝尔　著

何化南　译
贡金鑫　主审

英文版原书编辑为：［意大利］弗朗切斯科·比亚肖利，［意大利］马丁·波连塞克，［意大利］鲍里斯拉娃·尼科洛娃，［意大利］西尔维亚·迪莫娃，［意大利］阿图尔·平托。

中国建筑工业出版社

图书在版编目（CIP）数据

欧洲规范. 2，混凝土建筑设计应用与实例 = EUROCODE 2：BACKGROUND & APPLICATIONS DESIGN OF CONCRETE BUILDINGS（WORKED EXAMPLES）：英文/（意）弗朗切斯科·比亚肖利等著. —北京：中国建筑工业出版社，2019. 11

（欧洲规范应用译丛/贡金鑫主编）

ISBN 978-7-112-24421-8

Ⅰ. ①欧…　Ⅱ. ①弗…　Ⅲ. ①混凝土结构-建筑设计-设计规范-欧洲-英文　Ⅳ. ①TU370. 4-65

中国版本图书馆 CIP 数据核字（2019）第 245918 号

EUROCODE 2：BACKGROUND & APPLICATIONS DESIGN OF CONCRETE BUILDINGS（WORKED EXAMPLES）

Authors：F. Biasioli，G. Mancini，M. Just，M. Curbach，J. Walraven，S. Gmainer，J. Arrieta，R. Frank，C. Morin，F. Robert

Editors：F. Biasioli，M. Poljanšek，B. Nikolova，S. Dimova，A. Pinto

责任编辑：朱晓瑜　段　宁

责任校对：赵　菲

欧洲规范应用译丛

贡金鑫　丛书主编

欧洲规范 2：混凝土建筑设计应用与实例

EUROCODE 2：BACKGROUND & APPLICATIONS DESIGN OF CONCRETE BUILDINGS（WORKED EXAMPLES）

［意大利］弗朗切斯科·比亚肖利　［荷兰］朱塞佩·曼吉尼　［德国］马丁·朱斯特

［德国］曼弗雷德·库尔巴赫　［荷兰］朱斯特·瓦尔拉文　［奥地利］苏珊娜·格雷纳

［西班牙］何塞·阿列塔　［法国］罗歇·弗朗克　［法国］卡罗琳·莫兰

［法国］法比耶纳·罗贝尔　著

何化南　译

贡金鑫　主审

*

中国建筑工业出版社出版、发行（北京海淀三里河路 9 号）

各地新华书店、建筑书店经销

霸州市顺浩图文科技发展有限公司制版

北京建筑工业印刷厂印刷

*

开本：787 毫米×1092 毫米　1/16　印张：10　字数：234 千字

2023 年 1 月第一版　2023 年 1 月第一次印刷

定价：**42. 00** 元

ISBN 978-7-112-24421-8

（34822）

译 者 序

从 2000 年起，以“EN”为代号的欧洲规范（Euorocode）开始逐本正式颁布，取代了之前以“ENV”为代号的欧洲试行规范，标志着从 1975 年开始由欧盟委员会筹备，后转交欧洲标准化协会（CEN）编制和管理的欧洲规范，正式成为欧盟国家结构设计共同遵守的准则。2007 年，所有欧洲规范全部颁布。按照欧洲标准化协会的规定，欧洲规范是强制性规范，具有与欧盟国家的国家标准同等的地位，2010 年 3 月，欧盟国家与欧洲规范相抵触的国家标准均被废除，由欧洲规范取代。欧洲规范的颁布引起了国际工程界的广泛关注，除欧洲国家外，一些其他国家的国际招投标项目也要求采用欧洲规范进行设计。

欧盟委员会联合研究中心（JRC）是欧盟委员会的科学与技术服务机构，2005 年受欧盟委员会委托协助欧洲规范的实施、协调和未来的发展。为了推进欧洲规范的实施，欧盟委员会联合研究中心、欧洲标准化协会 250 技术委员会制定了促进欧洲规范应用的政策，组织了多场欧洲规范应用学术报告，举办了多种形式的欧洲规范应用培训。目前，已发布了 6 本欧洲规范背景和设计应用方面的资料（具体见封底）。这些资料有的是主要采用一本欧洲规范针对一种形式的结构说明规范的应用，有的是采用几本欧洲规范说明不同形式结构的设计方法。

近三十年来，随着我国改革开放的不断深入，经济发展速度很快，基础设施建设成绩斐然，除各种常用的普通建筑物外，超高层建筑、特大跨桥梁、高坝等高难度建筑物的设计和施工也取得了不俗的成就，在国际工程建设领域占有一席之地，令世界瞩目。然而，我国虽然是工程建设大国，但仍称不上是工程建设强国，我们在规范的基础理论和科学性方面与欧美规范还有一定差距，为此我们分别于 2007 年和 2009 年编写了《中美欧混凝土结构设计》和《混凝土结构设计（按欧洲规范）》两本著作。这两本著作在论述混凝土结构设计基本原理的同时，分析和讨论不同规范采用的方法和规定，受到国内工程设计人员的欢迎。同时我们也注意到，结构设计规范作为科学研究与工程经验相结合而形成的技术文件，既有科学统一性，又有不同国家的经验积累、历史传承和习惯性做法，同一类型的设计规范，不同国家有着不同的规定，特别是设计规范并不能包罗万象，还有很多细节问题需要工程设计人员去处理。因此，即使一个设计人员手中有了设计规范，也不一定能够很好地完成结构设计，还要遵循规范编制和使用国家的设计习惯。也正是基于此，我们翻译了欧盟委员会联合研究中心组织编写的这套欧洲规范应用背景和设计实例。

感谢欧盟委员会联合研究中心的授权，感谢中国建筑工业出版社的支持，感谢编辑的辛勤劳动，感谢参与各本资料翻译、校对的老师和研究生。希望本套译丛的出版能对我国工程设计人员理解欧洲规范、顺利完成国际投标项目起到帮助作用。

贡金鑫

2018 年 6 月 20 日

前　言

建筑业对欧盟具有战略意义，因为它提供了其他经济和社会所需的建筑和交通基础设施。建筑业占欧盟GDP的10%以上，占固定资产构成的50%以上，是最大的单项经济活动，也是欧洲最大的工业雇主。该行业直接雇用的人员接近2000万人。建筑业不仅是实现欧洲统一市场的关键因素，也是实施欧盟其他建筑相关政策，如可持续发展、环境和能源的关键因素，这是因为欧洲40%～45%的能源消耗来自于建筑，另有5%～10%的消耗用于处理和运输建筑制品和部件。

"欧洲规范"是一套为工程设施设计提供一般性准则的欧洲标准，用以验证极端荷载下（火灾或地震）工程设施的强度和稳定性。根据欧盟智能、可持续性、包容性增长的战略（EU 2020），标准化在支持产业政策全球化中起着重要作用。通过采用欧洲规范促进欧盟市场竞争环境的改善在"建筑业及其企业可持续竞争战略"——COM（2012）433中得到体现，同时成为加速不同国家和地区规范化措施的工具。

随着2007年欧洲规范58个组成部分的颁布，欧洲规范的实施扩展到所有欧洲国家，在推进国际应用方面有强有力的措施。2003年12月11日的"委员会建议"（Commission Recommendation）强调了培训在使用"欧洲规范"中的重要性，特别是在工程学校和工程师、技术员的专业进修课程中，提倡在国家和国际层面上推广"欧洲规范"。建议进行研究，将最新的科技发展研究成果应用于"欧洲规范"中。

根据委员会建议，政策指导委员会——联合研究中心（DG JRC）联合欧洲工业董事会（DG ENTR）和欧洲标准化协会250技术委员会"欧洲结构规范"（CEN/TC 250 "Structural Eurocodes"）共同正式发表了"支持'欧洲规范'和建筑业其他标准执行、推广和进一步发展"的系列报告，并将此作为联合研究中心的科学和政策报告。目前，该系列的报告包括以下几种类型：

（1）政策支持文件——联合研究中心与其合作伙伴以及利益同盟在"支持'欧洲规范'和建筑业其他标准执行、推广和进一步发展"相关方面的工作。

（2）技术文件——便于执行和使用"欧洲规范"。技术文件包括关于如何使用"欧洲规范"的信息和实例，还包括结构及结构构件的设计（如联合研究中心组织的关于"欧洲规范"使用实例的研讨会的技术报告）。

（3）先期的规范文件——CEN/TC 250的工作，包括背景信息和/或预规范的先期版本。这些文件可转化为欧洲标准化委员会（CEN）的技术规范。

（4）背景文件——提供现行"欧洲规范"的获批背景信息。该文件是应欧洲标准化协会250技术委员会（CEN/TC 250）的要求发表的。

（5）科技信息文件——包括关于现行"欧洲规范"的附加、非抵触性信息，便于"欧洲规范"的执行和使用；还包括先期规范工作和其他研究的初步结果，以便于标准的修订和进一步发展。文件的作者是参与Eurocodes编写的利益同盟，这些文件的发表得到欧洲标准化协会250技术委员会的分委员会或工作组的授权。

在适当的情况下，本系列报告的编辑工作由联合研究中心与其合作伙伴和利益同盟确认。在经欧洲标准化协会250技术委员会协调组批准后，报告是按类型为3、4和5发表的。

联合研究中心发表的这些报告以执行、协调和发展“欧洲规范”为目的。然而需强调的是，在欧盟立法或标准化过程中，欧盟委员会和欧洲标准化委员会没有义务遵循和支持任何的建议或这些报告中包括的结果。

该报告是技术文件的一部分（上述第（2）种类型），对“用‘欧洲规范’设计混凝土建筑”研讨会中提出的实例进行了阐述。该研讨会于2011年10月20～21日在比利时布鲁塞尔召开，由欧洲委员会联合研究中心、欧洲标准化协会250技术委员会第2分委员会和都灵理工大学共同举办，会议得到欧洲标准化委员会和成员国的支持。研讨会邀请了政府部门、国家标准化机构、研究机构及参加过“欧洲规范”培训的学术和工业协会参加。研讨会的主要目的是通过知识和欧洲规范2编制者（欧洲标准化协会250技术委员会第2分委员会）的培训资料的传递，便于在国家层面上对欧洲规范2的培训人员和“欧洲规范”的用户进行培训。

对于编写一套最新的、完整的培训资料（包括培训幻灯片和有欧洲规范2设计混凝土结构实例的技术报告），研讨会提供了一个独特的机会。目前，联合研究中心的报告中汇编了所有研讨会演讲者编写的技术报告和工作实例。编辑和作者试图将有用的信息编著到本报告中。需要注意的是，本报告并没有完整的设计示例，但读者仍需注意各章之间的差别。报告的不同章节由不同的作者编写，因此在一定程度上反映了欧盟成员国工程实践中的差异。本报告的用户必须考虑满足自身使用目的的适用性。

我们由衷地感谢研讨会演讲者和欧洲标准化协会250技术委员会第2分委员会的成员，他们为研讨会的召开和培训材料（包括幻灯片和有实例的技术报告）的编写作出了巨大贡献。我们还要特别感谢弗朗切斯科·比亚肖利教授对研讨会的赞助和支持及与演讲者进行的协调。

研讨会（幻灯片演示和联合研究中心报告）的所有材料都可从“Eurocodes：Building the future”网站下载，网址 http://eurocodes.jrc.ec.europa.eu。

马丁·波连塞克，西尔维亚·迪莫娃，
鲍里斯拉娃·尼科洛娃，阿图尔·平托
欧洲结构评估实验室（ELSA）
公民保护及安全协会（IPSC）
联合研究中心（JRC）

作者及编辑列表

作者

前　言

马丁·波连塞克　欧洲结构评估实验室（ELSA）
公民保护及安全协会（IPSC）
联合研究中心（JRC），欧洲委员会

西尔维亚·迪莫娃　欧洲结构评估实验室（ELSA）
公民保护及安全协会（IPSC）
联合研究中心（JRC），欧洲委员会

鲍里斯拉娃·尼科洛娃　欧洲结构评估实验室（ELSA）
公民保护及安全协会（IPSC）
联合研究中心（JRC），欧洲委员会

阿图尔·平托　欧洲结构评估实验室（ELSA）
公民保护及安全协会（IPSC）
联合研究中心（JRC），欧洲委员会

第 1 章　概念设计和初步设计

弗朗切斯科·比亚肖利　结构及岩土工程系（DISEG），都灵理工大学，意大利

朱塞佩·曼吉尼　结构及岩土工程系（DISEG），都灵理工大学，意大利

第 2 章　结构分析

马丁·朱斯特　德累斯顿工业大学，混凝土结构研究所，德国

曼弗雷德·库尔巴赫　德累斯顿工业大学，混凝土结构研究所，德国

第 3 章　极限状态设计（承载能力极限状态和正常使用极限状态）

朱斯特·瓦尔拉文　代尔夫特理工大学，荷兰

苏珊娜·格雷纳　维也纳理工大学，奥地利

第 4 章　钢筋细部构造

何塞·阿列塔　PROES S. A. ，西班牙

第 5 章　岩土方面的问题（EN 1997）

罗歇·弗朗克　　巴黎东部大学，国立路桥学校，纳维岩土工程实验室（CERMES），法国

第 6 章　基于欧洲规范 EN 1992-1-2 的抗火设计

卡罗琳·莫兰　　法国混凝土研究中心，法国
法比耶纳·罗贝尔　　法国混凝土研究中心，法国

编辑

弗朗切斯科·比亚肖利　　结构与岩土工程系（DISEG），都灵理工大学，意大利
马丁·波连塞克　　欧洲结构评估实验室（ELSA）
公民保护及安全协会（IPSC）
联合研究中心（JRC），欧洲委员会
鲍里斯拉娃·尼科洛娃　　欧洲结构评估实验室（ELSA）
公民保护及安全协会（IPSC）
联合研究中心（JRC），欧洲委员会
西尔维亚·迪莫娃　　欧洲结构评估实验室（ELSA）
公民保护及安全协会（IPSC）
联合研究中心（JRC），欧洲委员会
阿图尔·平托　　欧洲结构评估实验室（ELSA）
公民保护及安全协会（IPSC）
联合研究中心（JRC），欧洲委员会

目　录

第 1 章

概念设计和初步设计

1.1 引言

欧洲系列标准通常称为“欧洲规范”（Eurocodes），EN 1992（欧洲规范 2，即下面提到的 EC2）规定了钢筋混凝土结构的设计方法，包括建筑、桥梁和其他土木工程结构。EC2 可以用来计算规定荷载下的荷载效应、混凝土结构的承载力，同时提供了各种结构问题的处理方法和钢筋细部构造方面好的经验。

EC2 由三部分组成：

（1）EN 1992-1 混凝土结构设计——第 1-1 部分：一般规定和对建筑结构的规定；
第 1-2 部分：结构防火设计（CEN，2002）。

（2）EN 1992-2 混凝土结构设计——第 2 部分：混凝土桥梁——设计和细部规定（CEN，2007）。

（3）EN 1992-3 混凝土结构设计——第 3 部分：挡液和储液结构（CEN，2006）。

本书用一个简单的实例说明如何采用 EC2 的第 1-1 部分对混凝土结构进行设计。该实例为一栋有两层地下停车库的 6 层建筑结构，与“欧洲规范 8：建筑抗震设计”① 研讨会采用的例子类似。实例主要是针对同一建筑在承受相同竖向荷载但不同水平荷载下的两种情况进行分析（EC2：竖向荷载＋风荷载；EC8：竖向荷载＋地震作用）。

设计团队：

设计由不同的参与者完成，其中有些参与者参加了 EC2 的编写或评审。

各部分设计内容和参与者如下：

（1）F. Biasioli/ G. Mancin：设计基础、材料、耐久性、概念设计；

（2）M. Curbach：结构分析；

（3）J. Walraven：极限状态设计 1（承载能力极限状态和正常使用极限状态）；

（4）J. Arrieta：钢筋构造和构件细部设计；

（5）R. Frank：基础设计；

（6）F. Robert：防火设计。

本书论述了作用的定义、耐久性评估、材料选择及结构选型的“概念设计”。

概念设计定义为：“在多个可能的方案中选择一个合适的方案，以解决功能、结构、美观和可持续发展要求等问题”②。通过引用 EC2 的计算公式，体现了设计阶段对规范基本规定的应用。

1.2 基本数据

1.2.1 基本参数和初步方案

本书设计的建筑结构（6 层＋2 层地下停车库）位于平均海拔 300m 以上、不临海的

① Details on Eurocode 8 workshop：see http：//eurocodes. jrc. ec. europa. eu/showpage. php? id=335 _ 2.

② H. Corres Peiretti-Structural Concrete Textbook-fib bulletin 51，Lausanne 2012.

城市（风荷载地面粗糙类型为Ⅳ）。地面层[①]为对外开放的办公室，1～5 层为公寓，屋顶不上人。建筑平面图尺寸为 30.25m×14.25m，平面面积为 431m²，建筑总高度 h=25m。该建筑按 50 年使用年限进行设计。

该建筑主体结构为钢筋混凝土框架结构。与前面提到的按欧洲规范 8 设计的案例相比，建筑尺寸和柱的布置保持不变，但对部分竖向构件（柱和墙）的尺寸进行了调整：电梯处的剪力墙用柱代替，在最外侧轴线①和轴线⑥处增加了两道新墙（具体可参见图 1.3、图 2.1）。

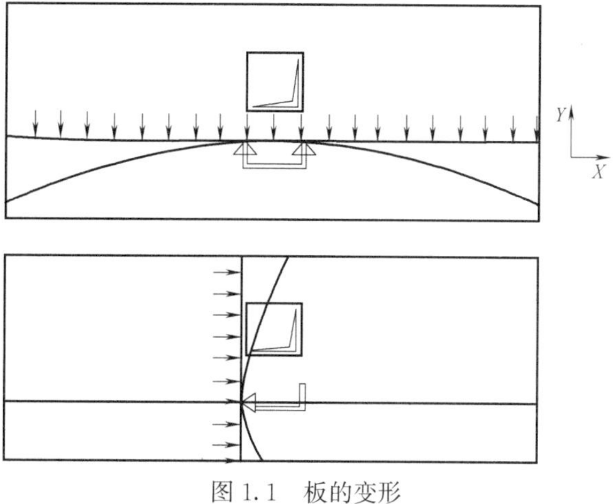

图 1.1　板的变形

作这种调整的原因是在欧洲规范 8 中，内部楼梯间和电梯井为支撑构件。假定水平荷载（由风或地震引起）均匀作用在板上（若柱刚度有限，则此种情况可理想化为梁仅由核心区支撑），图 1.1 给出了 X 方向和 Y 方向上板的变形。为了减小这一变形，同时增大结构的抗扭刚度，应该增加外墙（图 1.2）。由于板和核心区在 X 方向均有足够的刚度，因此无须增加 X 方向的墙。

内柱采用外尺寸为长×宽=2m×2m 的方形扩展基础；边柱和剪力墙支承在地下两层停车库深 3m、宽 0.6m、高 9m 的地下外围连续挡土墙上（见第 5 章）。

外墙和建筑剖面图如图 1.2、图 1.3 所示。

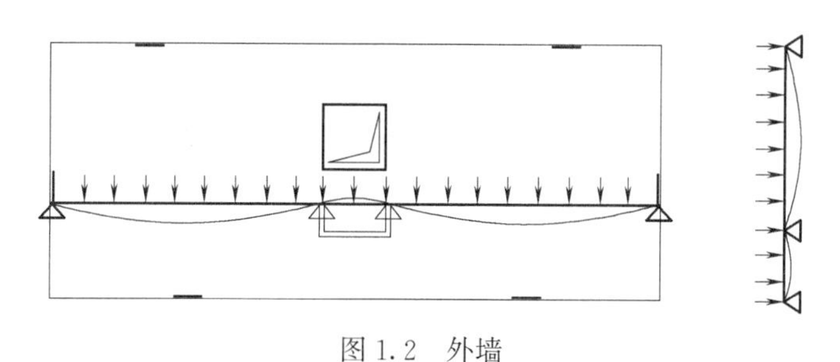
图 1.2　外墙

1.2.2　楼板

板 X 和 Y 方向跨度相同，因为板的厚度 h 决定于边跨板的长期挠度，所以这种等跨度方案在 X 方向并不是最优的。因此，边跨板 X 方向的跨度应尽可能不大于其邻近内跨板跨度的 90%。

为涵盖欧洲常用的不同建筑方案，考虑三种方案。第一种（A-A）方案为 X 方向和 Y 方向由 0.25m×0.32m 的叠合梁支承的厚度 h=18cm 的双向混凝土实心板[②]，如图 1.4

① 与我国不同，欧洲一些国家将地面上的楼层称为 0 层，其上分别为第一层、第二层……
② 三种方案中板厚度的确定见后面各章。

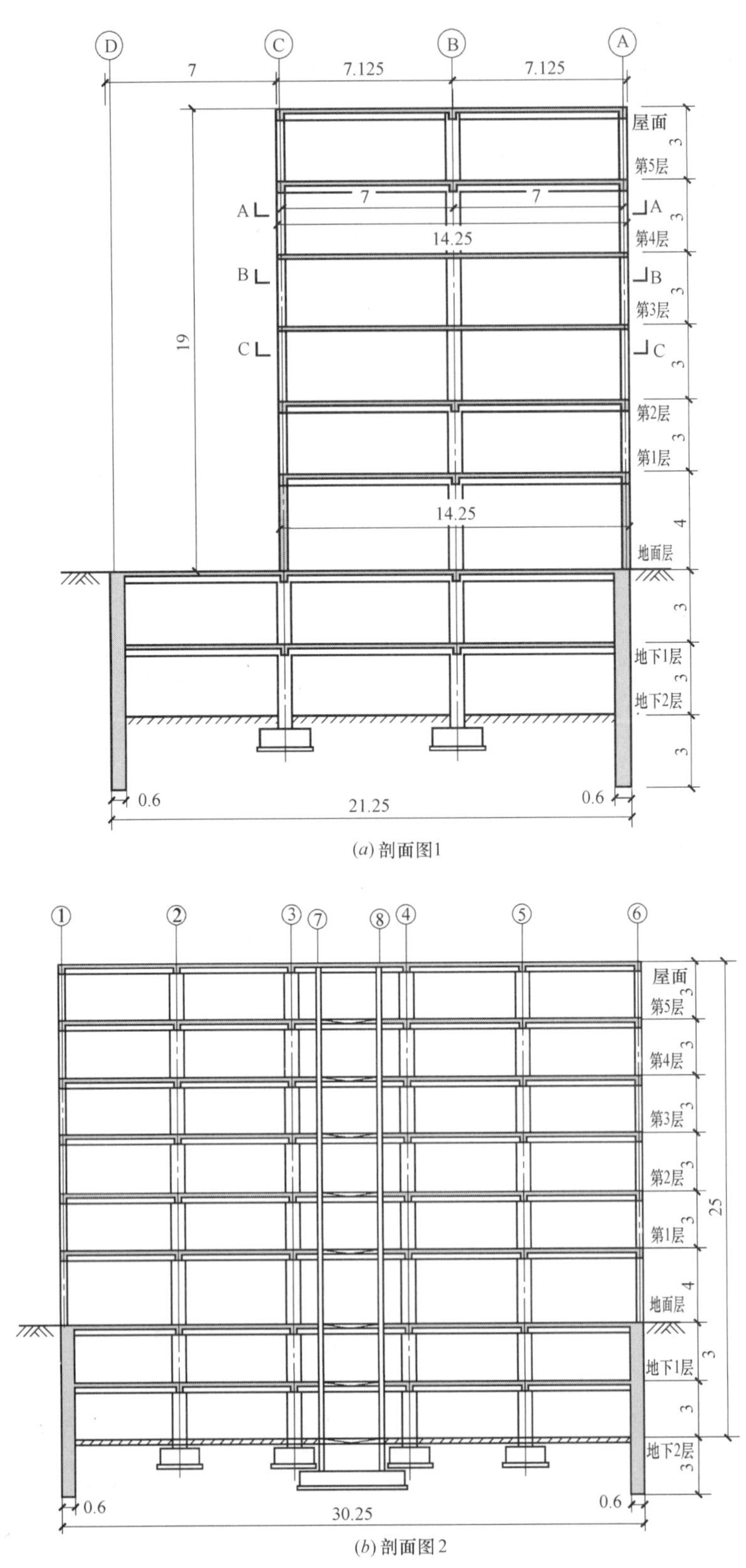

图 1.3 钢筋混凝土建筑剖面图（单位：m）

所示。后面给出构件尺寸的确定过程。这种方案板的厚度和板钢筋用量较小，但采用叠合梁也有不便之处，特别是在民用建筑中，可能会影响内墙的布置。

偏保守地初步估计材料用量，忽略楼梯间和电梯井处板的洞口，这样洞口处的混凝土体积弥补了模板变形和浇筑过程中损失的混凝土（如泵送混凝土）。混凝土总用量为 $(30.25\times14.25)\times0.18+(6\times14.25+3\times30.25)\times0.32\times0.25=77.6+14.1=91.7\text{m}^3$。

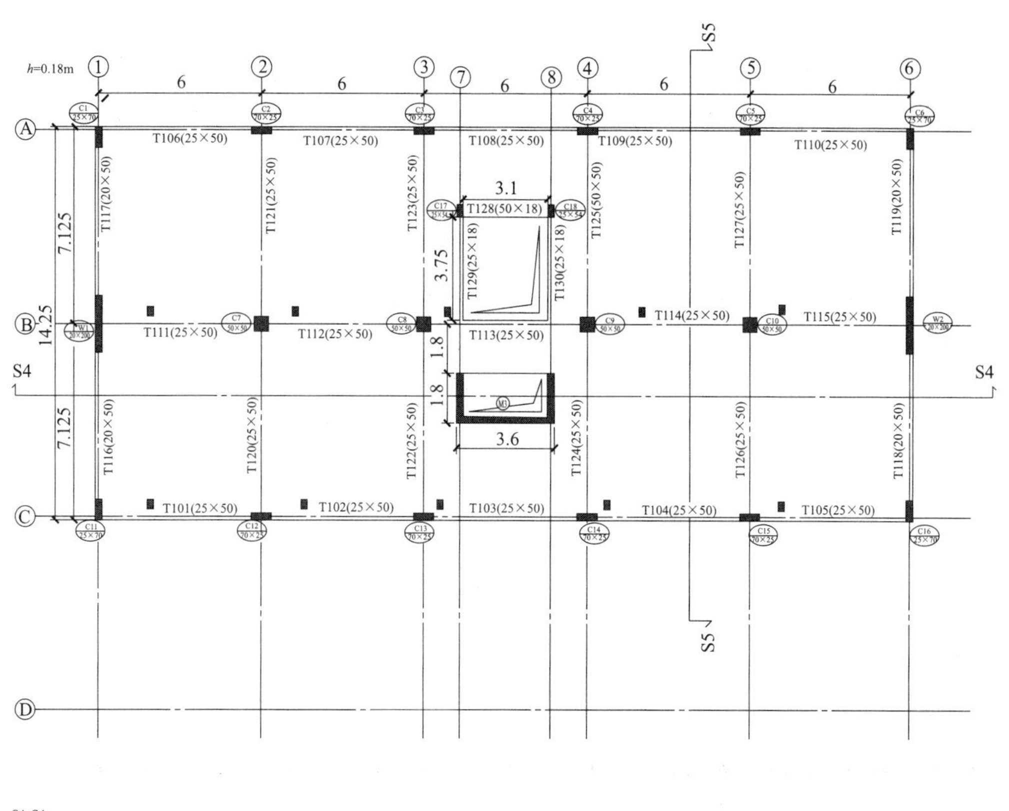

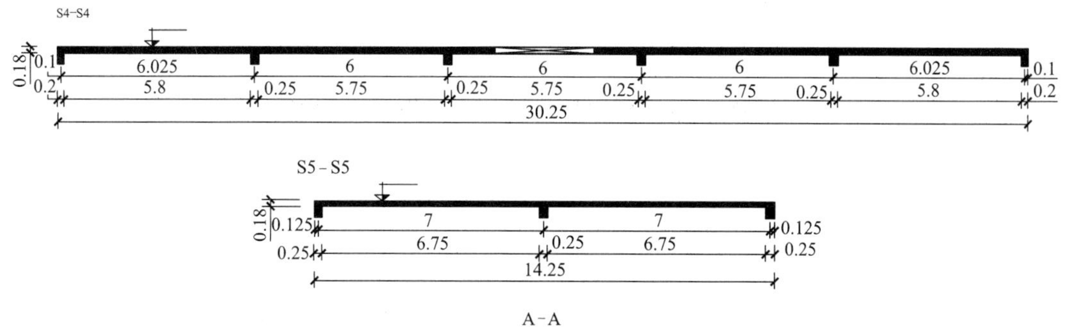

图 1.4　0.25m×0.32m 叠合梁 A 上厚度 $h=0.18\text{m}$ 的板

第二种（B-B）方案为 X 和 Y 跨度方向上采用厚度 $h=24\text{cm}$ 的实心混凝土平板（图 1.5）。很多国家采用这种形式的板，无须采用叠合梁。近年来，随着先进脚手架技术和模板系统（方便搭建和拆除的带有连接头的轻型构件）及钢筋系统（特制的普通钢筋“毯”，跨度较大或重量较大时为后张法无粘结预应力筋）的发展，这种方案也在不断完善中。

平板设计中需要考虑：

（1）挠度（这种情况由边跨板控制）；

（2）抗冲切（柱 C7 和 C10）。

忽略楼梯和电梯井洞口，混凝土总用量为（30.25×14.25）×0.24＝103.4m³。

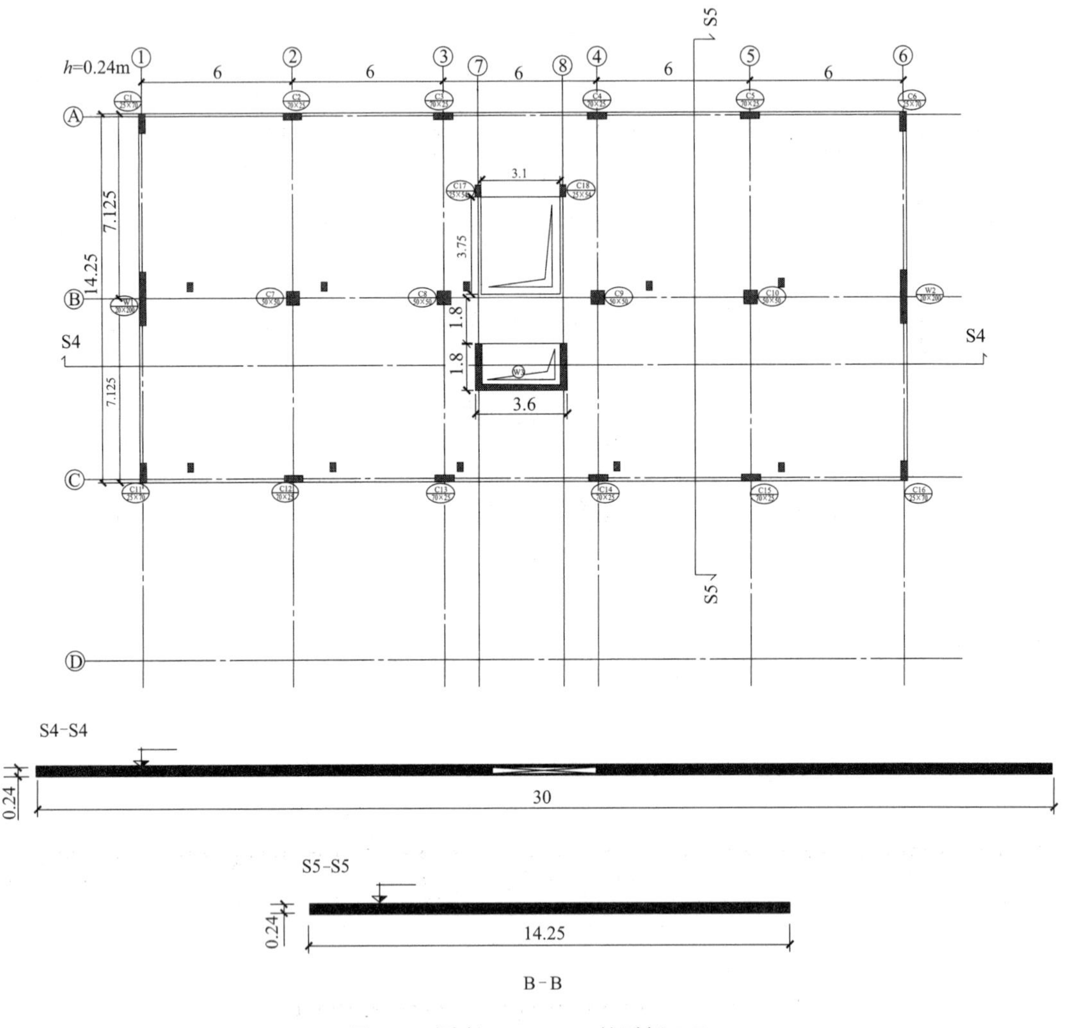

图 1.5　厚度 h＝0.24m 的平板 B-B

第三种（C-C）方案是采用总厚度 h＝0.23m 的嵌有照明灯[①]的板。Y 跨方向的板肋由 X 方向的 T 形凸梁支承（横向：0.25m×0.30m；中心：0.25m×0.17m）。板的两边由 Y 方向的两个梁（0.25m×0.30m）支承。

C-C 方案嵌有照明灯的板如图 1.6 所示。

① 除黏土外，照明部分也可用膨胀聚苯乙烯、混凝土、塑料或木材制作。

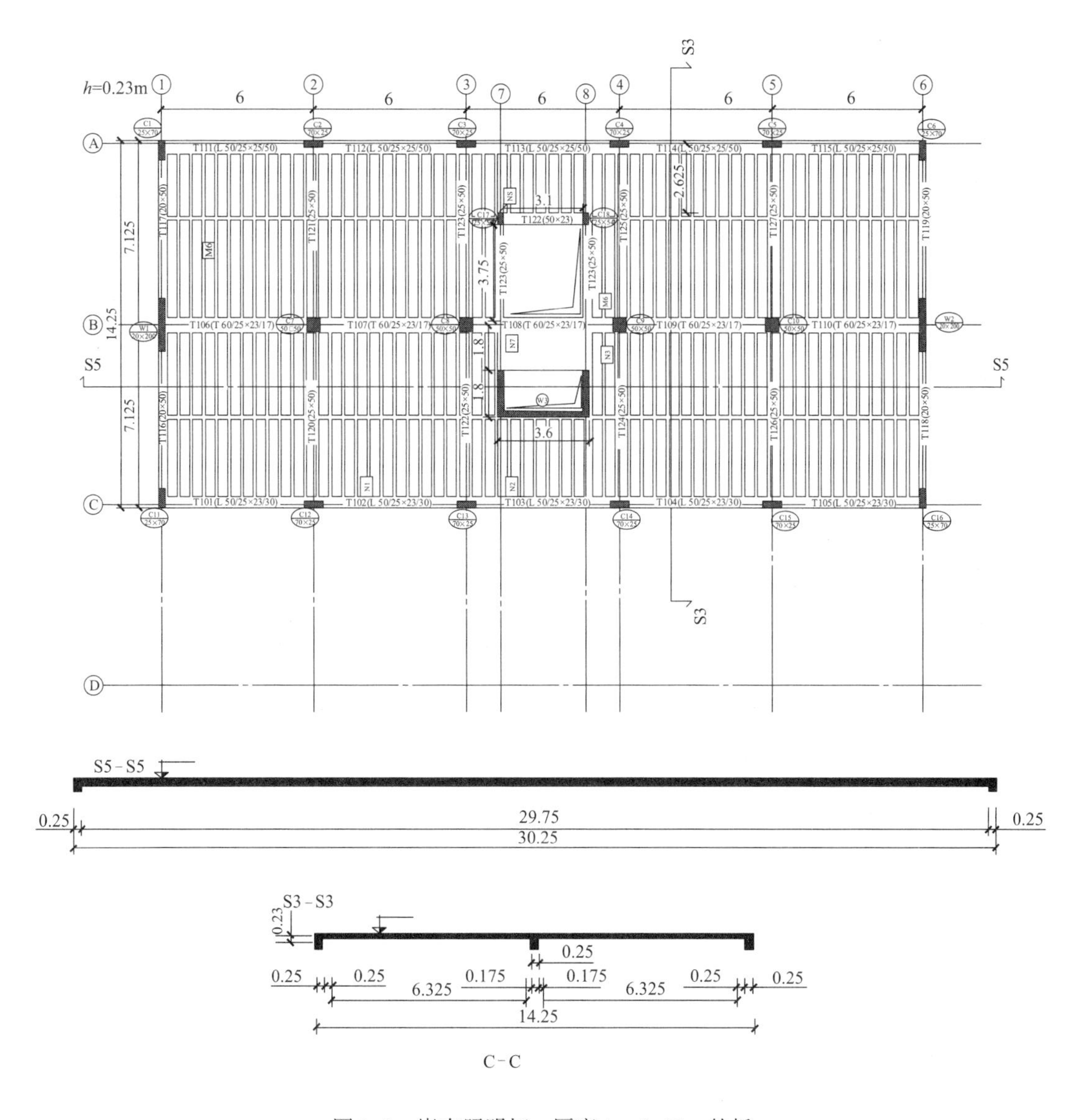

图 1.6　嵌有照明灯、厚度 $h=0.23\text{m}$ 的板

图 1.7 所示为一嵌有照明灯的板的例子。T 形截面腹板中心间距为 0.5m，腹板高度 $h=0.18\text{m}$，宽度 $b_w=0.12\text{m}$，翼缘高度 $h_f=0.05\text{m}$。照明灯需要支架支承，也可采用设有临时钢筋的膨胀聚苯乙烯网混凝土板，从而放置在各自的支撑上。

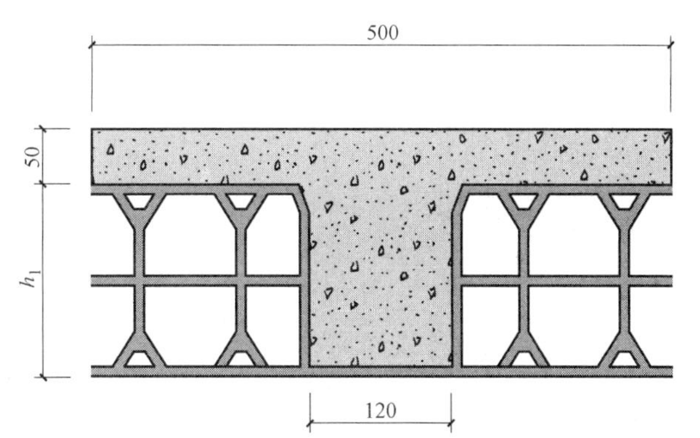

图 1.7　嵌有照明灯、厚度 $h=0.23\text{m}$ 的板（单位：mm）

构件每平方米（两个板肋）的混凝土用量为 $(2\times0.12\times0.18)+0.05=0.093\text{m}^3/\text{m}^2$。

根据前面的估算方法，忽略楼梯

和电梯洞口，混凝土总用量为 $(30.25-2\times0.4)\times[14.25-(2\times0.50+0.60)]\times0.093+[2\times(0.4\times0.23+0.25\times0.30)]\times(14.25-2\times0.50)+[2\times(0.50\times0.23+0.25\times0.30)+(0.60\times0.23+0.25\times0.17)]\times30.25=34.6+4.4+17.0=56.0m^3$。

与前面其他两种方案比较，这种方案的混凝土用量最小。

1.3 作用

作用按下面 EN 1991 的 4 个分册计算：

（1）EN 1991-1.1：密度、自重和楼面活荷载；

（2）EN 1991-1.2：火灾作用；

（3）EN 1991-1.3：雪荷载；

（4）EN 1991-1.4：风荷载。

由于建筑物规模不大，不考虑温度作用、撞击作用和爆炸作用。如果需要，安全系数 γ 按 EC2 的建议取值。

1.3.1 密度、自重、楼面活荷载、分项系数和组合系数

（1）自重 G_1：$\gamma_G=1.35$（不利情况）

钢筋混凝土：$25kN/m^3$；

照明灯 $h=0.18m$：$0.75kN/m^2$。

（2）永久荷载 G_2：$\gamma_G=1.35$

抹灰、找平层、预埋件和隔墙：$3.0kN/m^2$；

外围护墙（包括窗）：$8.0kN/m^2$。

（3）可变荷载 Q_i：$\gamma_Q=1.50$

楼面活荷载和组合值系数见表 1.1。

可变荷载及相关系数　　表 1.1

类型	$q_k(kN/m^2)$	Ψ_0	Ψ_2
住宅	2.00	0.70	0.30
楼梯、公共办公区	4.00		
雪荷载	1.70	0.50	0.00
停车场	2.50	0.70	0.60

1.3.2 风荷载

荷载组合值和准永久值系数取：$\Psi_0=0.60$，$\Psi_2=0.0$。

如前所述，建筑地处海拔 300m 以上的不临海城市，地面粗糙度类型为Ⅳ。根据 EN 1991-1-4，风荷载计算如下。

（1）基本风速

$$c_{dir}=c_{season}=1.0,\ v_{b,0}=30.0\text{m/s}$$

$$v_b=c_{dir}c_{season}v_{b,0}=30\text{m/s}$$

（2）地面粗糙度类型Ⅳ

$$z_0=1,\ z_{min}=10\text{m}$$

（3）场地系数

$$k_r=0.19\times\left(\frac{z_0}{0.05}\right)^{0.07}=0.19\times\left(\frac{1.0}{0.05}\right)^{0.07}=0.234\text{m/s}$$

（4）地形系数

$$c_0=1.0$$

（5）湍流强度

$$k_l=1.0,\ l_v(z)=\frac{k_l}{c_0\ln(z/z_0)}=\frac{1}{\ln(z/z_0)}$$

（6）考虑湍流时的暴露系数

1）$z\leqslant10$m 时，

$$c_e(z)=c_e(z_{min})=k_r^2\left(7+c_0^2\ln\frac{z_{min}}{z_0}\right)$$

2）$z>10$m 时，

$$c_e(z)=k_r^2\left(7+c_0^2\ln\frac{z}{z_0}\right)$$

（7）基本风压

$$q_b=\frac{1}{2}\rho v_b^2=\frac{1}{2}\times1.25\times30^2\times10^{-3}=0.563\text{kN/m}^2$$

（8）阵风风压

1）$z\leqslant10$m 时，$q_p(z_e)=c_e(z_{min})q_b=0.563c_e(10)$　（kN/m^2）

2）$z>10$m 时，$q_p(z_e)=c_e(z)q_b=0.563c_e(z)$　（kN/m^2）

（9）外表面压力系数（图 1.8）

$$c_{pe}=+0.8(\text{压}),\ c_{pe}=-0.4(\text{吸})$$

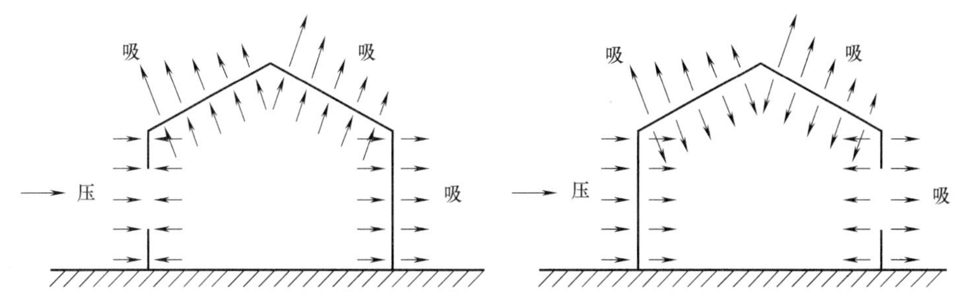

图 1.8　外表面风压

（10）结构系数

$$c_sc_d=1.0\text{（有结构墙高度不超过 100m 的框架结构）}$$

外表面风压（图 1.9）按下式计算：

$$w_e = q_p(z_e)c_{pe}c_sc_d = q_p(z_e)[0.8-(-0.4)]\times 1 = 1.2q_p(z_e)(\mathrm{kN/m^2})$$

1）$z>10\mathrm{m}$ 时，计算高度 $z_e=19\mathrm{m}$

$$w_e(z_e) = 1.2c_e(z_e)\times 0.56 = 0.0357[7+\ln(z_e)](\mathrm{kN/m^2})$$

$$w_e(19) = 0.36\mathrm{kN/m^2}$$

2）$z\leqslant 10\mathrm{m}$ 时，计算高度 $z_e=10\mathrm{m}$

$$w_e(10) = 0.0357\times(7+\ln 10) = 0.24\mathrm{kN/m^2}$$

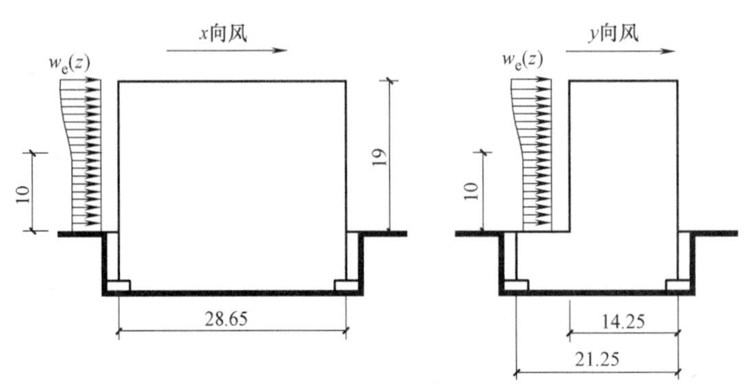

图 1.9　外表面风压示例（单位：m）

1.3.3　雪荷载

雪荷载计算见第 2 章。

1.4　材料

1.4.1　混凝土

1.4.1.1　环境等级和混凝土强度等级

欧洲规范 EN 1990 第 2.4 节规定："……结构设计要使结构在设计使用年限内的劣化不会使其性能低于预期值，设计应考虑结构所处环境和预期维护水平……"。因此在评估混凝土结构耐久性时，需要考虑环境的影响。

EC2 的规定主要针对于：

（1）结构设计使用年限为 50 年；

（2）施工期间正常监管；

（3）使用期间正常检测和维护。

施工期间采用的质量管理流程见 EN 13670。

考虑潜在恶劣环境引起的混凝土劣化和钢筋锈蚀，"……为了采用适当的规定保护结构所使用的材料……"，设计人员必须判断建筑物所处的（预期）环境条件。采用环境等级区分不同的环境暴露条件。图 1.10 为环境等级的一个例子。

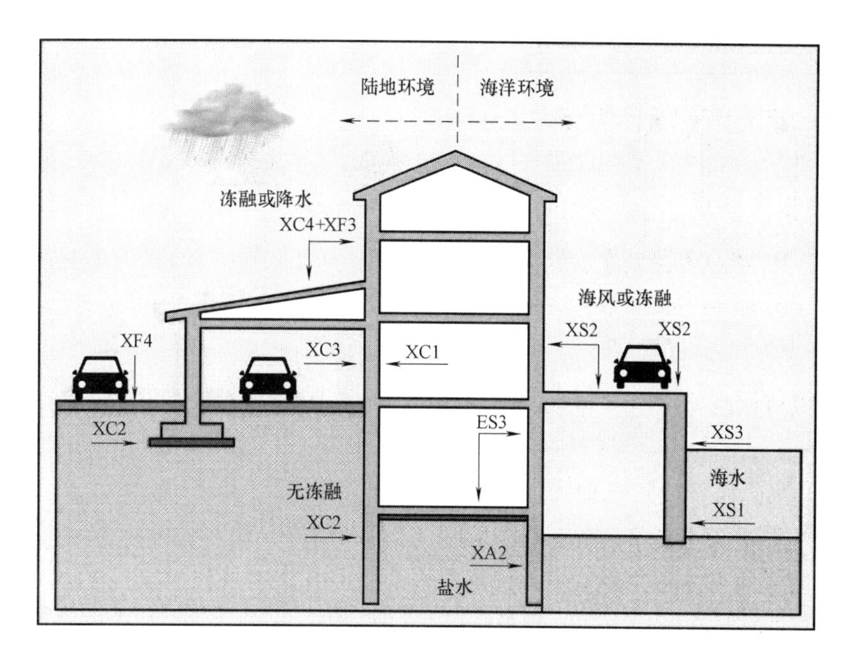

图 1.10 环境条件

结构构件满足不同环境等级要求的相关规定见 EN 206-1 附录 F（混凝土标准）：(1) 最小混凝土强度等级；(2) 混凝土组成；(3) EN 1992-1 规定的严重环境等级下的最小混凝土保护层厚度；(4) 最大允许裂缝宽度。

EC2 和 EN 206 是基于下面的假设根据混凝土强度间接进行混凝土耐久性设计的：高强度→致密性→高耐久性。EN 206 国家附录补充给出了最大水灰比和单位体积混凝土最小水泥用量。欧盟不同国家对这些值的要求有很大差异。

1.4.1.2 环境等级、结构等级和混凝土保护层厚度

环境等级用字母 X 及所针对劣化机理术语的首个字母（英语）组合表示：

(1) 碳化引起的钢筋锈蚀（XC），或除冰盐、工业废弃物和废水池中氯化物引起的钢筋锈蚀（XD），或海水中氯化物引起的钢筋锈蚀（XS）。

(2) 冻融作用引起的混凝土劣化（XF）或化学侵蚀（XA）。

根据 EC2 第 4 章，确定钢筋（包括箍筋）最小混凝土保护层厚度的步骤如下：

1) 确定不同结构构件的暴露等级。

2) 确定每一环境等级下的最小混凝土强度等级（EC2 附录 E 和 EN 206 附录 F——只有分别进行浇筑时采用多个等级，例如基础与墙、柱与板等）。

3) 确定保证耐久性（dur）和粘结性能（b）的最小保护层厚度。

$$c_{\min}=\max[c_{\min,b};(c_{\min,dur}-\Delta c_{dur,add});10\text{mm}]$$

若采用表面涂层混凝土，则用 $\Delta c_{dur,add}$ 考虑减小混凝土保护层厚度。

4) 确定图纸和钢筋详图中的名义钢筋混凝土保护层厚度 c_{nom}（图 1.11）。

$$c_{nom}=\max[(c_{\min}+\Delta c);20\text{mm}]$$

除保证粘结和防止钢筋锈蚀外，c_{nom} 还须考虑抗火。$\Delta c=0\sim10$mm 为施工误差。

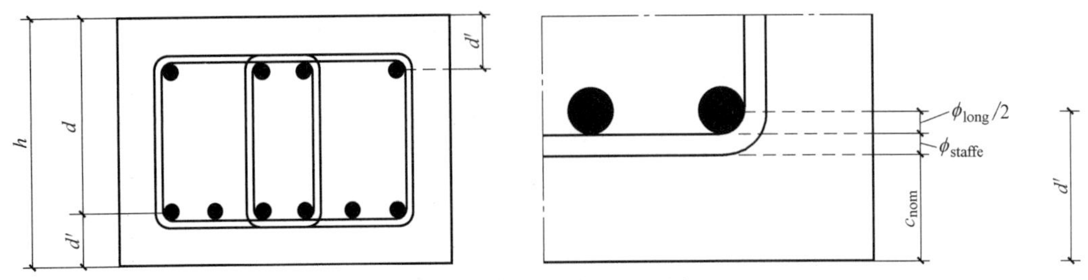

图 1.11　混凝土名义保护层厚度 c_{nom}

因为难以概括或考虑所有国家的规定，本设计实例采用了下面的环境等级和混凝土强度等级：

XC1：内部的板、梁和基础采用 C25/C30。

XC2：柱采用 C30/C37，高于 C25/C30。

即使板和柱处于相同的环境中，柱混凝土的强度宜高于板和梁混凝土的强度。因为按照欧洲规范 8“能力设计”规定：为保证结构的抗震稳定性，避免出现“薄弱层”，用于能量耗散的塑性铰只能出现于水平构件，而不允许出现于竖向构件（图 1.12）。

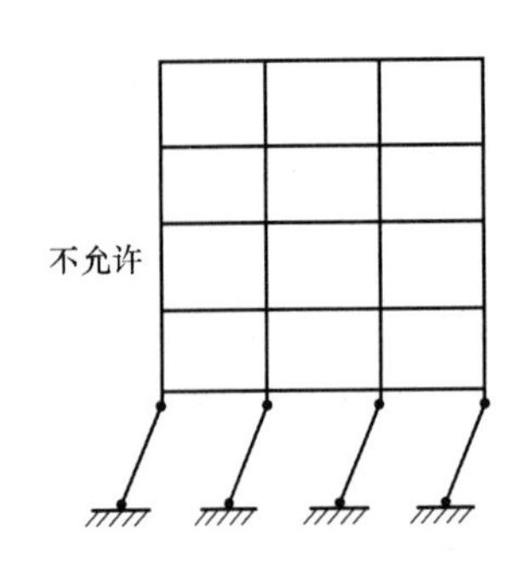

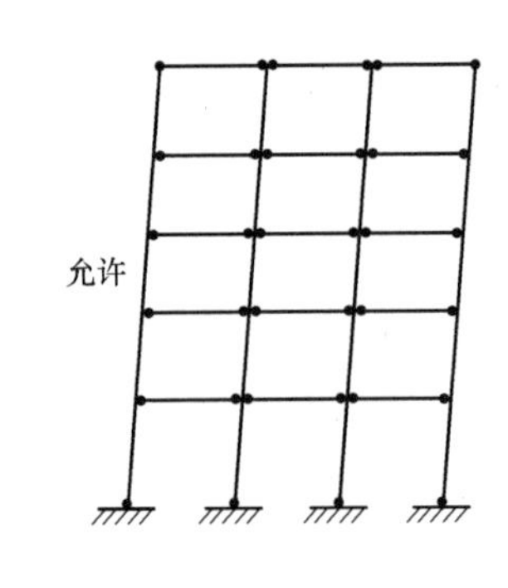

图 1.12　薄弱层机制

为确定满足耐久性要求的最小混凝土保护层厚度 $c_{min,dur}$，在确定环境等级和混凝土强度等级后，可由 EC2 的表 4.3N 查取“结构等级”，EC2 中的结构等级默认值为 S4，然后按表 1.2 对结构等级进行修正。

结构等级建议值（EC2 表 4.3N）　　　**表 1.2**

准　则	结构等级						
	暴露等级(EC2 表 4.1)						
	X0	X1	XC2/XC3	XC4	XD1	XD2/XS1	XD3/XS2/XS3
设计使用年限为 100 年	增加 2 个等级	增加 2 个等级	增加 2 个等级	增加 2 个等级	增加 2 个等级	增加 2 个等级	增加 2 个等级
混凝土强度等级	≥C30/C37 减小 1 个等级	≥C30/C37 减小 1 个等级	≥C35/C45 减小 1 个等级	≥C40/C50 减小 1 个等级	≥C40/C50 减小 1 个等级	≥C40/C50 减小 1 个等级	≥C45/C55 减小 1 个等级

续表

准　则	结构等级						
	暴露等级(EC2 表 4.1)						
	X0	X1	XC2/XC3	XC4	XD1	XD2/XS1	XD3/XS2/XS3
板构件(钢筋位置不受施工过程影响)	减小 1 个等级	减小 1 个等级	减小 1 个等级	减小 1 个等级	减小 1 个等级	减小 1 个等级	减小 1 个等级
混凝土制作过程得到有效控制	减小 1 个等级	减小 1 个等级	减小 1 个等级	减小 1 个等级	减小 1 个等级	减小 1 个等级	减小 1 个等级

假定设计使用年限为 50 年且无特殊的混凝土质量控制，本例的结构等级（S）为：

（1）板：混凝土 C25/C30　S（4-1）=S3：对于板结构等级降低。

（2）梁：混凝土 C25/C30　S4：结构等级不变。

（3）柱：混凝土 C30/C37　S4：结构等级不变。

满足耐久性要求的最小混凝土保护层厚度可根据环境等级和结构等级确定（表 1.3 取自 EC2；不同的国家，表格有所不同）。

最小混凝土保护层厚度（EC2 表 4.4N）　　表 1.3

结构等级	满足环境要求的 $c_{min,dur}$(mm)						
	环境条件(EC2 表 4.1)						
	X0	XC1	XC2/XC3	XC4	XD1/XS1	XD2/XS2	XD3/XS3
S1	10	10	10	15	20	25	30
S2	10	10	15	20	25	30	35
S3	10	10	20	25	30	35	40
S4	10	15	25	30	35	40	45
S5	15	20	30	35	40	45	50
S6	20	25	35	40	45	50	55

（1）$c_{min,dur}$——板：(XC1/S3)=10mm。

（2）$c_{min,dur}$——梁：(XC1/S4)=15mm。

（3）$c_{min,dur}$——柱：(XC2/S4)=25mm。

假定 $\Delta_{c,dev}$=5mm，计算得混凝土名义保护层厚度 c_{nom} 为：

（1）板：$c_{nom}=c_{min,dur}+\Delta_{c,dev}$=max(10+5；20)=20mm。

（2）梁：c_{nom}=max(15+5；20)=20mm。

（3）柱：c_{nom}=max(25+5；20)=30mm。

计算的保护层厚度通常向上取整到 5mm。

由于很难观察到挡土墙和基础的劣化，因此挡土墙和基础通常取 c_{nom}=40mm。

根据 EC2 中国家附录确定的参数和 EN 206 中的规定，采用 Excel™ 计算的结果如图 1.13 所示。

也可采用包含混凝土组成所有信息的表格。图 1.14 所示为适用于意大利的一个例子，其中 C25/C30：0.6：300 表示混凝土强度等级为 C25/C30，水胶比为 0.6，水泥用量为

混凝土保护层			
	参数	建议值	用户定义
1	环境等级		XC3
2	冻融		
3	强度等级	C30/C37	C30/C37
4	使用年限(年)		50年
5	板		NO
6	质量控制		NO
7	钢筋最大直径(mm)		16
8	$\Delta c_{dur,st}$(mm)	0	0
9	$\Delta c_{dur,y}$(mm)	0	0
10	$\Delta c_{dlre,add}$(mm)	0	0
11	Δ_{toll}(mm)		A) 建议值
		10	10
12	结构等级		S4
13	$c_{min,dur}$(mm)		25
14	$c_{min,b}$(mm)		16
15	c_{min}(mm)		25
16	c_{nom}(mm)		35

图 1.13　计算混凝土最小保护层厚度的 Excel 表

300kg/m^3。其他类同。

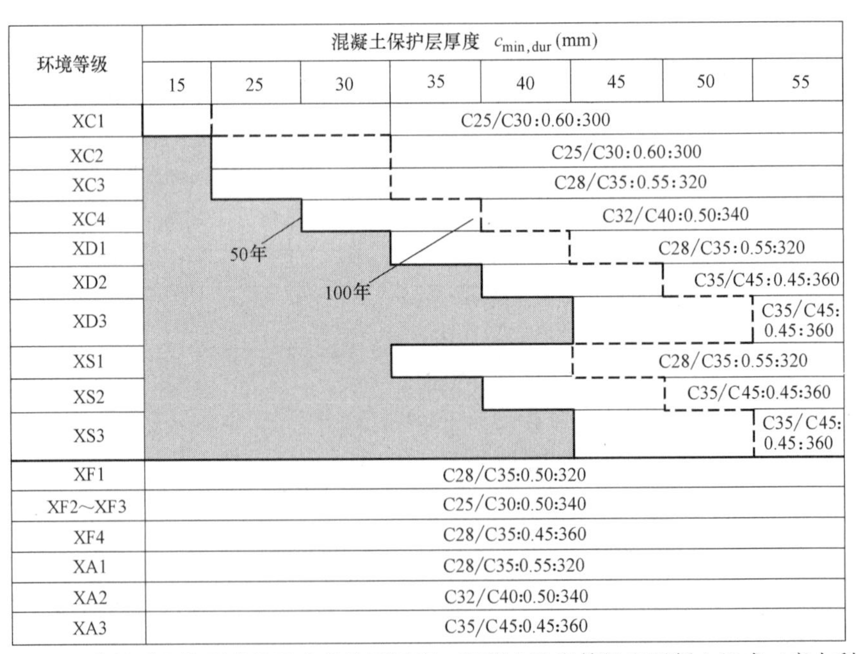

图 1.14　满足耐久性要求的最小保护层厚度、混凝土强度等级和混凝土组成（意大利）

1.4.2　钢筋

1.4.2.1　钢筋特性

采用中等延性 S500B（B 级 500MPa）的钢筋。使用不考虑“强度硬化的”理想弹性

—塑性设计应力—应变曲线 B（图 1.15）。

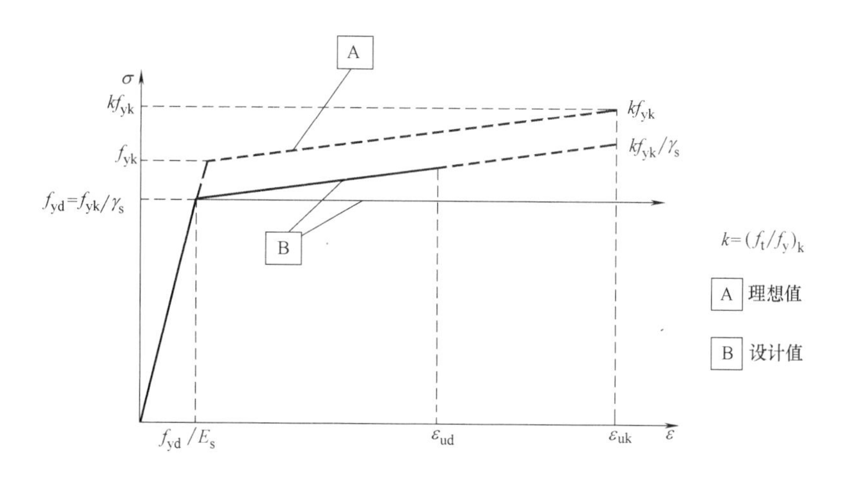

图 1.15　钢筋的设计应力—应变曲线

承载能力极限状态（ULS——持久和短暂设计状况）的钢筋强度分项系数 $\gamma_s=1.15$，正常使用极限状态（SLS）的强度分项系数 $\gamma_s=1.0$，图 1.15 中的特征值为：

（1）强度

$$f_{yk}\geqslant 500\text{N/mm}^2；f_{y,max}\leqslant 1.30f_{yk}，f_{yk}\leqslant 650\text{N/mm}^2；E_s=200\text{kN/mm}^2；$$

$$f_{yd}=500/1.15=435\text{N/mm}^2；\varepsilon_{s,yd}=f_{yd}/E_s=435/200000=2.17‰$$

（2）延性

$$k=(f_t/f_y)_k\geqslant 1.08，\varepsilon_{uk}>5\%，\varepsilon_{ud}=0.90\varepsilon_{uk}>4.5\%$$

1.4.2.2　钢筋最大直径

混凝土结构的设计，特别是混凝土建筑，正逐步由承载能力极限状态控制转为正常使用极限状态（SLS——挠度、裂缝、应力限值）控制。因此，设计中确定 EC2 中不同正常使用极限状态的限值非常重要。

对于允许最大裂缝宽度为 0.30mm 的情况（所有环境等级的裂缝宽度上限值见 EC2 表 7.1N），可不进行计算，而是限制取决于钢筋应力的钢筋直径或钢筋最大间距。针对 S500 B 钢筋和不同的混凝土应力，表 1.4 给出了荷载准永久值 Q_P 作用下构件开裂截面不同钢筋应力比 σ_s/f_{yk} 时的钢筋最大直径，其中黑体字为 EC2 规定的数值。

用于裂缝控制的钢筋最大直径（mm）　　**表 1.4**

钢筋 500B		混凝土强度等级				
$f_{ct,eff}$(N/mm²)		C20/C25	C25/C30	C30/C37	C35/C45	C40/C50
		2.3	2.6	2.9	3.4	3.6
σ_s(N/mm²)	σ_s/f_{yk}	裂缝宽度 $w_k=0.30$mm 时的 $\phi_{l,max}$				
160	0.32	24	28	**32**	36	38
170	0.34	22	26	30	34	36
180	0.36	22	24	28	32	34

续表

钢筋 500B		混凝土等级				
$f_{ct,eff}$(N/mm^2)		C20/C25	C25/C30	C30/C37	C35/C45	C40/C50
		2.3	2.6	2.9	3.4	3.6
σ_s(N/mm^2)	σ_s/f_{yk}	裂缝宽度 w_k=0.30mm 时的 $\phi_{l,max}$				
190	0.38	20	22	26	30	32
200	0.40	18	20	**24**	26	28
210	0.42	16	18	22	24	26
220	0.44	14	16	20	22	24
230	0.46	14	16	18	20	22
240	0.48	12	14	**16**	18	20
260	0.52	10	12	14	16	16
280	0.58	10	10	**12**	14	14

注：钢筋最大应力为 f_{yk}；σ_s=200MPa 时为 25mm。

在概念设计中，通常首先确定钢筋直径，然后确定 $\sigma_{s,QP}/f_{yk}$ 的最大限值。本例中：

（1）板：ϕ14mm　C25/C30：$\sigma_{s,QP}/f_{yk}=0.48$。

（2）梁：ϕ16mm　C25/C30：$\sigma_{s,QP}/f_{yk}=0.42$。

（3）柱：ϕ20mm　C30/C37：$\sigma_{s,QP}/f_{yk}=0.44$。

这些限值在后面的设计中会用到。

1.5 板的概念设计

1.5.1 跨厚（高）比

板的设计要满足正常使用极限状态（SLS）和承载能力极限状态（ULS）要求。板的厚度 h 通常由挠度限值控制（EC2 的第 7.4 节）。在平板中，冲切也经常起控制作用。

在欧洲规范 2 中，是否满足正常使用极限状态挠度的要求，是通过构件跨厚（高）比限值验算进行的。规定的最大跨厚（高）比为有效跨度 l_{ef}（支承梁为轴线间的距离，平板中为柱的中心距离）与有效厚度 d（受拉钢筋中心到混凝土最大压应力纤维的距离）之比。

对于本例跨度不大于 8.5m 的平板和跨度不大于 7m 的梁和板，跨厚（高）比可根据下面 EC2 第 7.4.2 条的公式计算：

$$\frac{l_{ef}}{d}=Ks\frac{310}{\sigma_s}\left(\frac{l}{d}\right)_0=Ks\frac{500}{f_{yk}}\frac{A_{s,prov}}{A_{s,req}}\left(\frac{l}{d}\right)_0 \tag{1.1}$$

式中　K——考虑构件类型、约束和构件在结构系统中相对位置的系数。

利用K，可将“有效跨度”换算为与实际构件挠度相同的理想化简支构件的“标准跨度”：

$$l_n=l_{ef}/K \tag{1.2}$$

对于承受相同永久荷载 G_2 和可变荷载 Q、厚度为 h 的板，开间控制着整个板的厚度，最大“标准跨度”板的跨度即为最大标准跨度 l_n。

由图 1.16 的 K 值可以看出，本例中，采用等跨连续板和等跨连续梁并不是最佳结构方案：板（或梁）的边跨不能超过相邻内跨板的（1.3/1.5）×100=87%。

形状系数 s 考虑了板截面的几何性质，特别是截面惯性矩的变化。对于 R（矩形）截面实心板，或 $b/b_w \leqslant 3$ 的小宽厚比 T 形截面板，EC2 规定 $s=1.0$；对于 $b/b_w>3$ 的 T 形截面板，如嵌有照明灯的板（图 1.7），$b/b_w=500/120=4.8>3$，欧洲规范 2 规定 $s=0.8$。

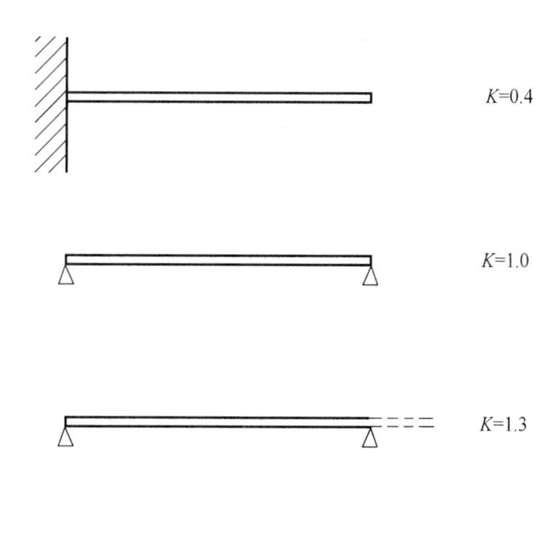

图 1.16　不同结构体系的 K 值

$(l/d)_0$ 为基准跨厚（高）比。对于 $\rho \leqslant \rho_0$ 的板，欧洲规范 2 给出下面的公式：

$$\left(\frac{l}{d}\right)_0=11+1.5\sqrt{f_{ck}}\frac{\rho}{\rho_0}+3.2\sqrt{f_{ck}}\sqrt{\left(\frac{\rho}{\rho_0}-1\right)^3} \qquad \rho_0=10^{-3}\sqrt{f_{ck}} \tag{1.3}$$

式中　$\rho=A_s/(bd)$——受拉钢筋配筋率；

A_s——受拉钢筋面积。

利用式（1.3）可得到表 1.5 中不同混凝土等级的 $(l/d)_0$ 和 ρ_0。

不同混凝土强度等级的 $(l/d)_0$ 和 ρ_0　　**表 1.5**

	C20/C25	C25/C30	C30/C37	C32/C40	C35/C45
ρ_0(%)	0.45	0.50	0.55	0.57	0.59
$(l/d)_0$	19	**20**	20	21	18

图 1.17 为根据式（1.3）计算的 $(l/d)_0$ 曲线。$\rho=\rho_0$ 时的点为（少筋）板与（适筋和超筋）梁的分界点。

在配筋率 ρ 较小的情况下，按欧洲规范 2 的公式计算的长细比 $(l/d)_0$ 过大，若计算不准确，则可能造成板的跨厚比过大，因此应限制 $(l/d)_0$ 的最大值。根据图 1.17，本例中 $(l/d)_{0,max}=36$。取 $l_n=l_{ef}/K$，$f_{yk}=500\text{N/mm}^2$，$A_{s,prov}=A_{s,req}$，则最小有效高度 d_{min} 为：

$$\frac{l_{ef}}{d}=Ks\frac{500}{f_{yk}}\frac{A_{s,prov}}{A_{s,req}}\left(\frac{l}{d}\right)_0 \Rightarrow \frac{l_n}{d}=s\left(\frac{l}{d}\right)_0 \Rightarrow d_{min}=\frac{l_n}{(l/d)_0 s} \tag{1.4}$$

式（1.4）表明，连续板的厚（高）度决定于最大名义跨度 l_n。

1.5.2　板厚度确定

板厚度的确定是通过准确估计板自重 G_1（开始未知）而不断反复计算的过程。可初

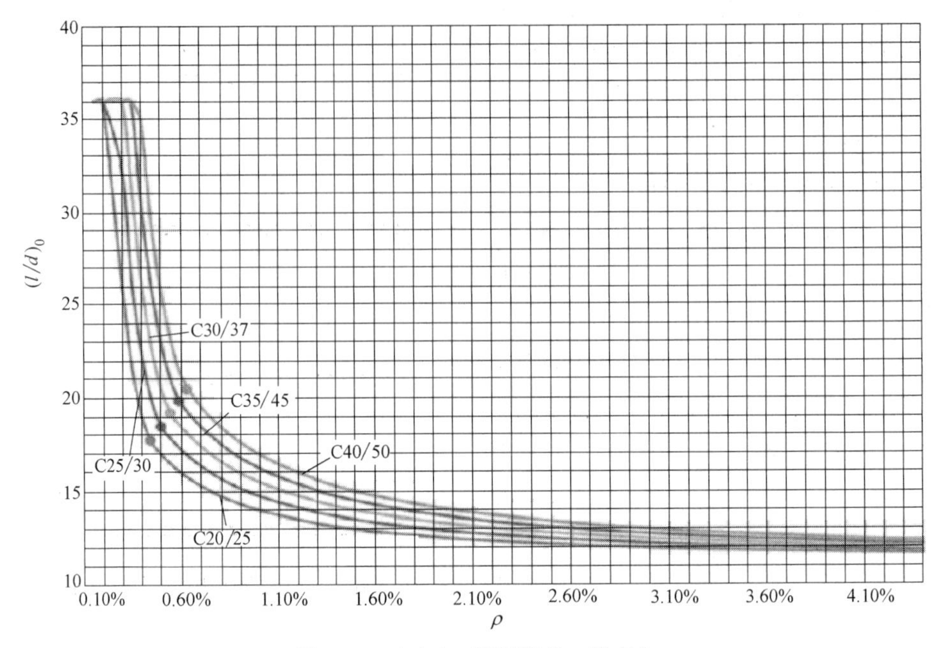

图 1.17 $(l/d)_0$ 随配筋率 ρ 的变化

步按 $\rho=\rho_0$ 确定板的厚度，估计板的自重 G_1。对于等级为 C25/C30 的混凝土，根据表 1.5 得到 $\rho_0=0.50\%$时，$(l/d)_0=20$。

对于 3 种不同类型的板，首先采用最小有效高度 d_{min} 进行试算以控制挠度，见表 1.6。

由挠度控制的板最小有效厚度 **表 1.6**

	$l_{ef,x}$(m)	$l_{ef,y}$(m)	l_{ef}(m)	K	l_n(m)	$(l/d)_0$	s	d_{min}(m)
梁上板	6.0	7.125	6.0	1.3	4.62	20	1.0	**0.23**
平板	6.0	7.125	**7.125**	**1.2**	5.94	20	1.0	**0.30**
嵌有照明灯的板	—	7.125	7.125	1.3	5.48	20	0.8	**0.27**

由于配筋率 ρ_0 较大，因此采用最小有效厚度 d_{min} 较为保守。基于常用混凝土的单位密度为 25kN/m^3 和实体板的实际厚度或肋板或嵌有照明灯的板的等效厚度 h 得到：

$$G_1=25h \qquad (\text{kN/m}^2)$$

对应 5cm 厚混凝土磨耗层、宽度为（38+12）cm 嵌有照明灯的板，等效厚度为板厚的 51%～55%（表 1.7）。因此，如果 $h=0.23$m，则：

$$G_1=25h=25\times(0.54\times0.23)=3.10\text{kN/m}^2$$

嵌有照明灯板的等效厚度 **表 1.7**

h_{le}(m)	$h=h_{le}+0.05$(m)	G_1(kN/m^2)	$h_{ef}=G_1/25$(m)	h_{eq}/h_{tot}
0.16	0.21	2.89	0.116	**0.55**
0.18	0.23	3.08	0.123	**0.54**

续表

h_{le}(m)	$h=h_{le}+0.05$(m)	G_1(kN/m^2)	$h_{ef}=G_1/25$(m)	h_{eq}/h_{tot}
0.20	0.25	3.27	0.131	**0.52**
0.22	0.27	3.46	0.138	**0.51**
0.24	0.29	3.69	0.148	**0.51**

已知 $\phi_l=14$mm（根据正常使用极限状态的裂缝宽度确定）和 $c_{nom}=20$mm，板的厚度为：

（1）X 方向和 Y 方向均配置钢筋的平板：

$$h=d_{min}+c_{nom}+\phi_l=d_{min}+20+14=(d_{min}+34)\text{mm}$$

（2）嵌有照明灯的板：

$$h=d_{min}+c_{nom}+0.5\phi_l=d_{min}+20+7=(d_{min}+27)\text{mm}$$

当永久荷载 G_2 已知时，总永久荷载为 $G=G_1+G_2$。如果可变荷载 Q 和准永久荷载（Q_P）的系数 Ψ_2 均已知，修正的名义跨高比按下式计算：

$$\left(\frac{l_n}{d}\right)=\frac{\lambda_s}{\sqrt[3]{G+\Psi_2 Q}} \tag{1.5}$$

该式是以正常使用极限状态变形和“名义跨度”为 l_n、承受均布荷载 G 和 Q 的简支板承载能力极限状态设计为基础的。λ_s 根据混凝土强度等级和形状系数 s 确定，对于板的值见表 1.8。

不同混凝土强度等级时的 λ_s 值　　　表 1.8

	C20/25	C25/30	C30/37	C35/45	C40/50
$s=1.0$ 时 λ_s	53	57	60	63	63
$s=0.8$ 时 λ_s	49	53	56	59	61

采用 Excel™ 很容易按照上述公式进行迭代计算，见表 1.9。开始时高度减小显著，两次或三次迭代即可确定最终厚度。

按照上述过程根据欧洲规范 2 公式计算的板厚，即满足了正常使用极限状态变形的要求，不需再进一步校核。

板厚度的迭代计算　　　表 1.9

	d_{min} (m)	$d_{min}+d'$ (m)	k_d	h_{eq} (m)	G_1 (kN/m^2)	G_2 (kN/m^2)	Q_k (kN/m^2)	W_2	Q_{tot}	λ_s	l_n/d	l_n (m)	d_{min} (m)	Error①
第一次迭代														
梁上板	0.23	0.26	1.00	0.26	6.62	3.0	2.0	0.30	10.22	57	26	4.62	0.18	−23%
平板	0.30	0.33	1.00	0.33	8.27	3.0	2.0	0.30	11.87	57	25	5.94	0.24	−20%
嵌有照明灯的板	**0.27**	0.30	0.55	0.17	4.14	3.0	2.0	0.30	7.74	53	27	5.48	0.21	−25%

续表

	d_{min} (m)	$d_{min}+d'$ (m)	k_d	h_{eq} (m)	G_1 (kN/m^2)	G_2 (kN/m^2)	Q_k (kN/m^2)	W_2	Q_{tot}	l_s	l_n/d	l_n (m)	d_{min} (m)	Error[①]
							第二次迭代							
梁上板	**0.18**	0.21	1.00	0.21	5.26	3.0	2.0	0.30	8.86	57	27	4.62	0.17	=5%
平板	**0.24**	0.27	1.00	0.27	6.82	3.0	2.0	0.30	10.42	57	26	5.94	0.23	−4%
嵌有照明灯的板	0.21	0.23	0.55	0.13	3.20	3.0	2.0	0.30	6.80	53	28	5.48	0.20	=4%
							第三次迭代							
梁上板	0.17	0.20	1.00	0.20	5.06	3.0	2.0	0.30	8.85	57	28	4.62	**0.17**	−1%
平板	0.23	0.26	1.00	0.26	6.56	3.0	2.0	0.30	10.16	57	26	5.94	**0.23**	−1%
嵌有照明灯的板	0.20	0.22	0.55	0.12	3.08	3.0	2.0	0.30	6.68	53	28	5.48	**0.20**	−1%

注：①Error 为第 2 列与第 14 列 d_{min} 的误差百分比。

$h_{eq}=k_d\times(d_{min}+d')$，$Q_{tot}=G_1+G_2+\Psi_2 Q_k$。

第 2 章

结构分析

2.1 结构有限元模拟

本例为第 1 章第 1.2.1 节所述的地下 2 层、地上 6 层的结构。

结构宽度方向有 3 列柱（Ⓐ、Ⓑ、Ⓒ轴及地下 1、2 层停车场位置的Ⓓ轴），长度方向有 6 列柱。这些柱支承着楼板。考虑下面三种不同类型的楼板（见第 1 章）：

（1）平板，厚度 $h=21\text{cm}$，直接由柱支承。

（2）梁支承的板，2 跨，厚度 $h=18\text{cm}$，荷载由梁传递给柱。

（3）嵌有照明灯的板，厚度 $h=23\text{cm}$，荷载由井字梁传递给支承梁，然后再传递给柱。

图 2.1 所示为利用 SoFiSTiK®软件建立的结构有限元模型。

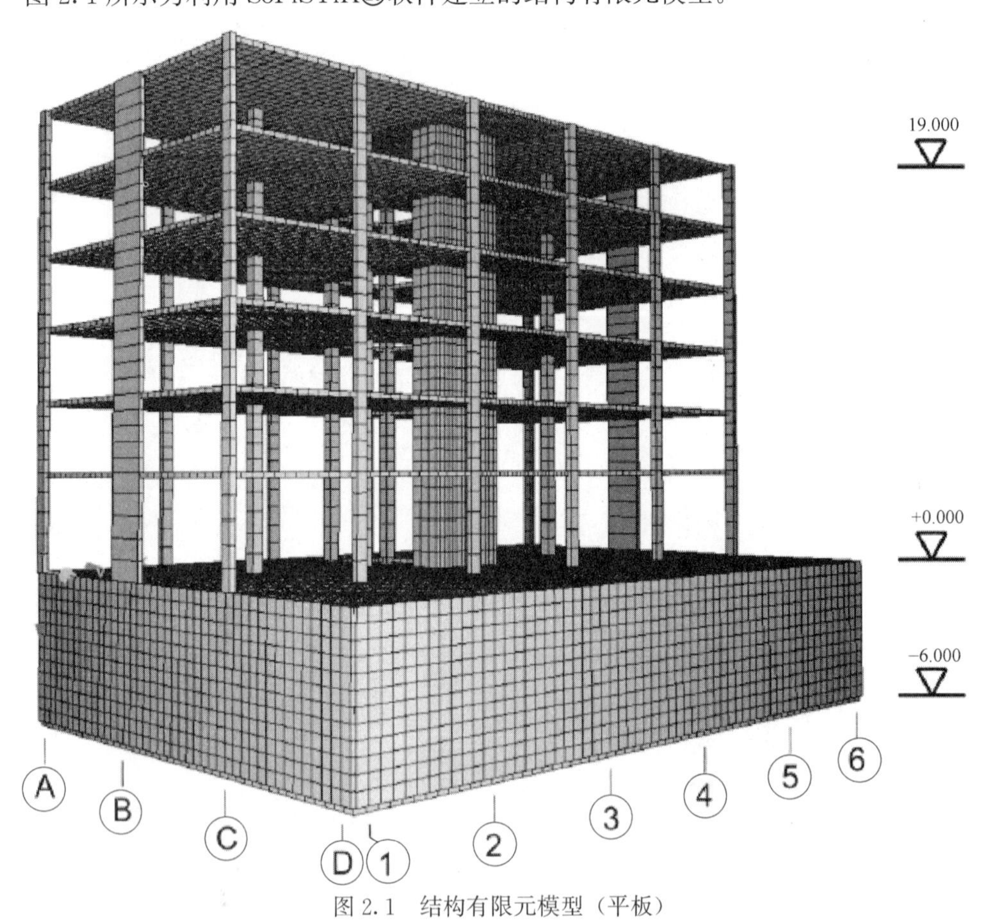

图 2.1　结构有限元模型（平板）

2.2 荷载、荷载工况及组合

2.2.1 荷载

建筑承受几种类型的荷载：结构恒荷载、内部荷载（抹灰、装饰等）和外表面荷载、使用荷载和两种环境荷载——风和雪荷载。荷载、荷载类型及组合值系数、准永久值系数见表 2.1。

荷 载 表 2.1

荷载类型	荷载名称	荷载值	Ψ_0	Ψ_2
恒荷载	结构恒荷载	依材料而不同	—	—
	内部恒荷载	3.0kN/m^2		
	外饰面恒荷载	8.0kN/m		
环境荷载 1	风(海平面以上 1000m 以下)	10m 以下取 0.77kN/m^2	0.6	0
		19m 处取 1.09kN/m^2		
		10m 和 19m 之间线性内插		
环境荷载 2	屋面或外部区域的雪	1.70kN/m^2	0.5	0
使用荷载 1	住宅(1~6 层)	2.00kN/m^2	0.7	0.3
	楼梯间、办公室(地面)	4.00kN/m^2		
使用荷载 2	停车区(地下 1、2 层,外部区域)	2.50kN/m^2	0.7	0.6

2.2.2 恒荷载工况

2.2.2.1 荷载工况 1——承重结构恒荷载

结构恒荷载根据几何尺寸和材料密度采用有限元软件自动计算确定。图 2.2 所示为结构地面层的恒荷载。

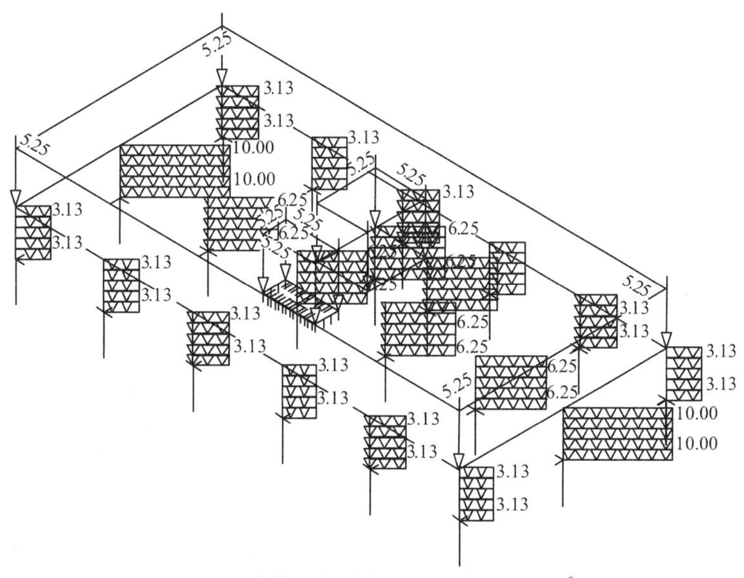

图 2.2 计算的恒荷载(kN/m 和 kN/m^2)

2.2.2.2 荷载工况 2——内部恒荷载

荷载工况 2 为结构内部恒荷载。面荷载作用于所有板单元。图 2.3 所示为结构地面层的恒荷载。

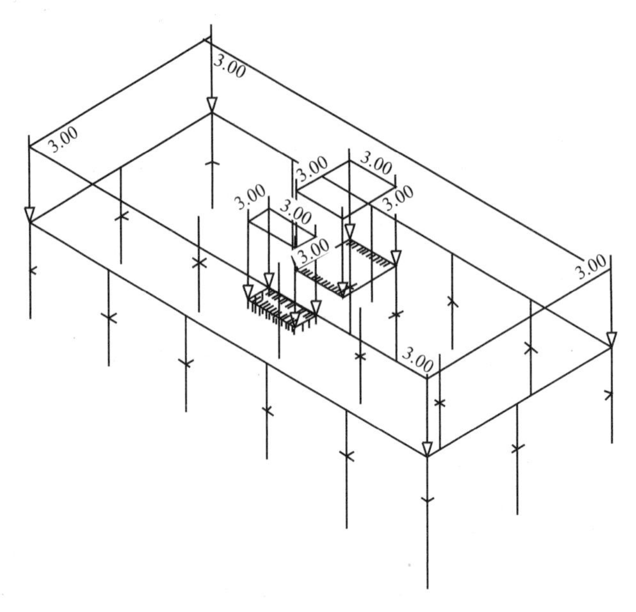

图 2.3　内恒荷载（kN/m^2）

2.2.2.3　荷载工况 3——外墙恒荷载

荷载工况 3 为外墙恒荷载。对于前述的 2.1 节（1）和（2）类平板，荷载作用于有限元模型的外侧单元上，有限单元尺寸为 0.5m×0.5m，荷载值为 16kN/m²。2.1 节（3）类平板的荷载以线荷载形式作用于外周梁上，荷载大小按表 2.1 取值。图 2.4 所示为 2.1 节（1）类平板结构地面层的恒荷载。

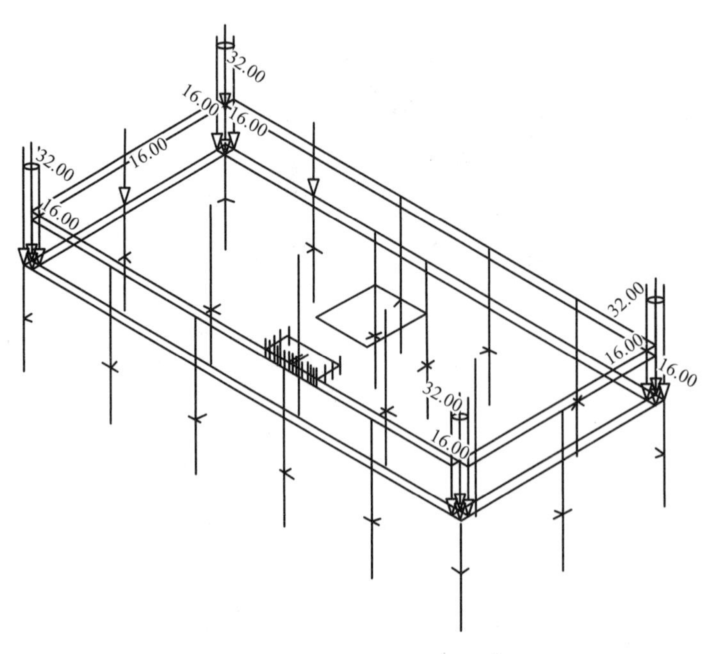

图 2.4　外墙恒荷载（kN/m^2）

2.2.3　风、雪及使用荷载 1 和 2 的荷载工况

2.2.3.1　荷载工况 51

荷载工况 51 为整体坐标系 X 方向（平行于长边）作用于结构的风荷载。计算时将面荷载转化为线荷载施加于柱。将外墙假定为柱间的双跨梁来承担荷载。图 2.5 所示为对结构施加的风荷载。

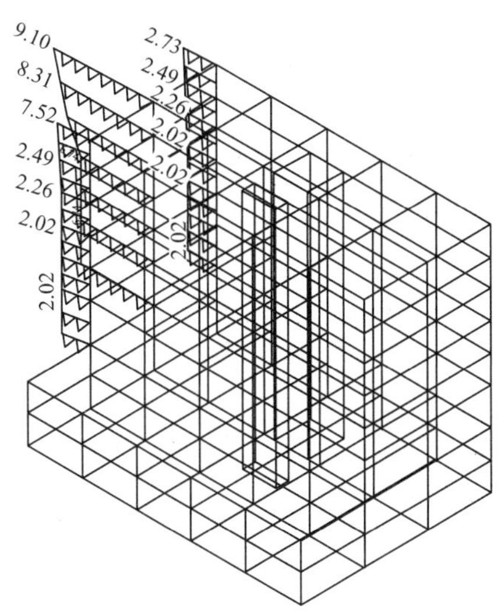

图 2.5　荷载工况 51 的荷载分布（kN/m）

2.2.3.2　荷载工况 101

荷载工况 101 为整体坐标系 Y 方向（垂直于长边）作用于结构的风荷载。如同荷载工况 51，计算时将面荷载转化为线荷载施加于柱。因此，将外墙假定为柱间的六跨梁来承担荷载。图 2.6 所示为对结构施加的风荷载。

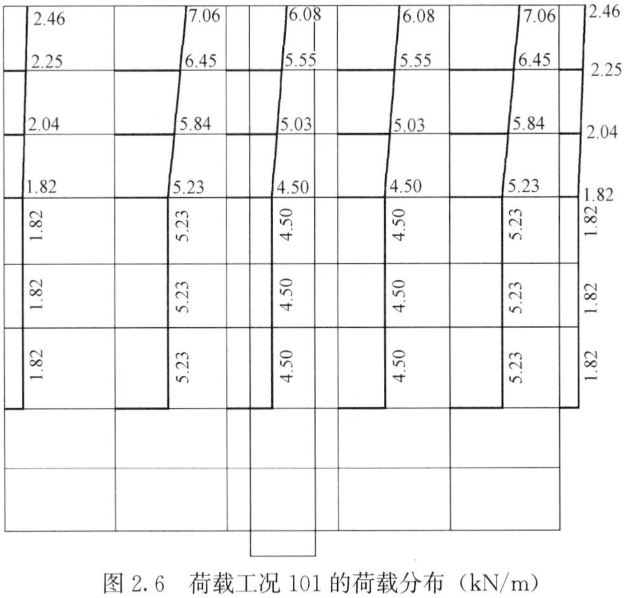

图 2.6　荷载工况 101 的荷载分布（kN/m）

2.2.3.3 荷载工况 201

对于荷载工况 201，将屋面上的雪荷载等效为作用于屋面板单元上的面荷载，如图 2.7 所示。

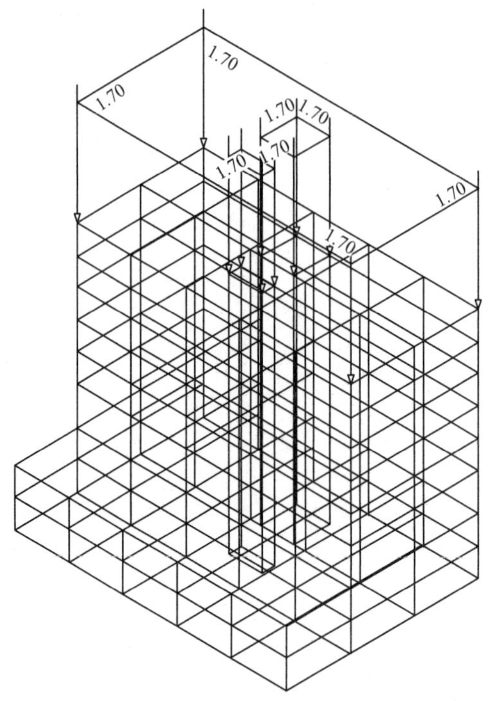

图 2.7 荷载工况 201 的荷载分布（kN/m²）

2.2.3.4 荷载工况 202～206

荷载工况 202～206 为作用于每个外部区域的雪荷载。对于荷载工况 202，荷载作用于①轴线和②轴线之间的区域；对于荷载工况 203，荷载作用于②轴线和③轴线之间的区域，以此类推。荷载工况 202 的雪荷载分布如图 2.8 所示。

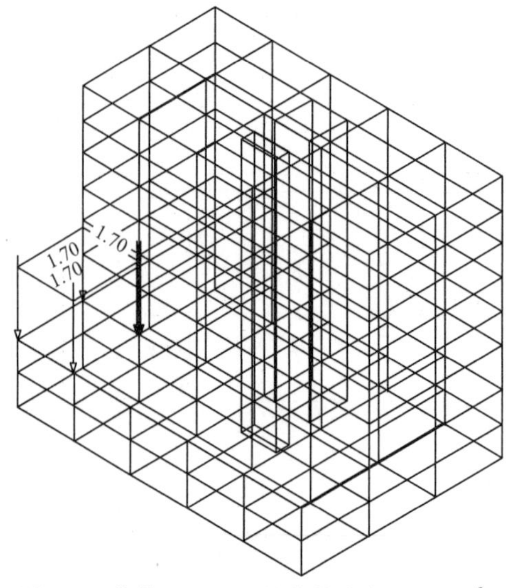

图 2.8 荷载工况 202 的荷载分布（kN/m²）

2.2.3.5　荷载工况 1326、1336、1356 和 1366

荷载工况 1326、1336、1356 和 1366 为作用于屋面上的使用荷载 1，如图 2.9～图 2.12 所示。图 2.9 所示为使沿②轴线的梁产生最大弯矩和剪力的组合形式，图 2.10 所示为所有区域均承受荷载的组合形式，图 2.11 所示为使柱双向弯矩最大的组合形式，图 2.12 所示为使Ⓑ轴线区域 2 梁的双向弯矩最大的组合形式。

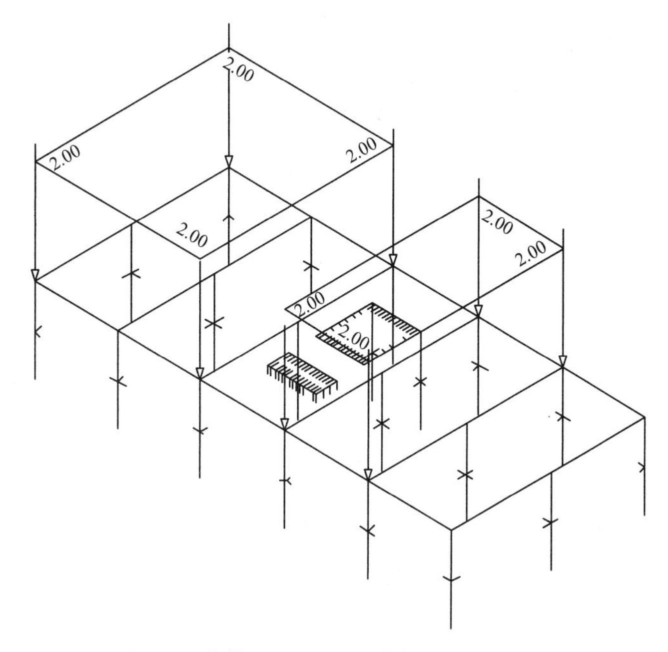

图 2.9　荷载工况 1326 的荷载分布（kN/m）

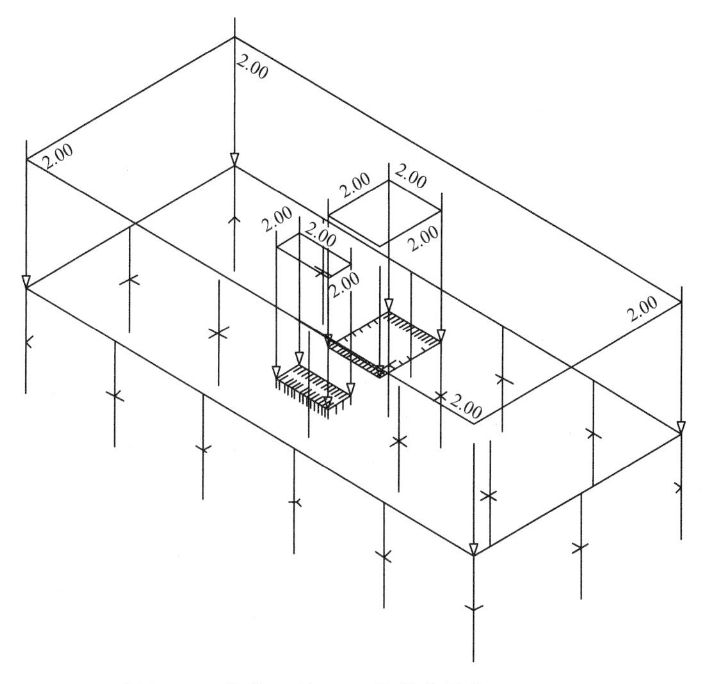

图 2.10　荷载工况 1336 的荷载分布（kN/m）

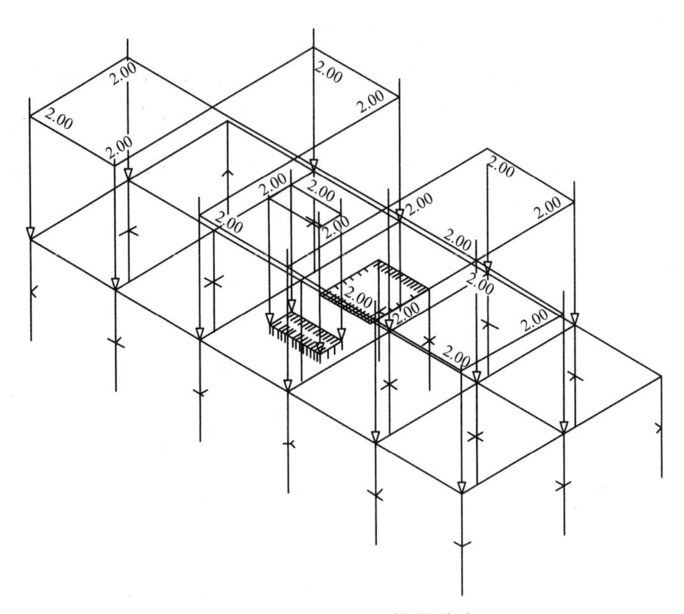

图 2.11　荷载工况 1356 的荷载分布（kN/m）

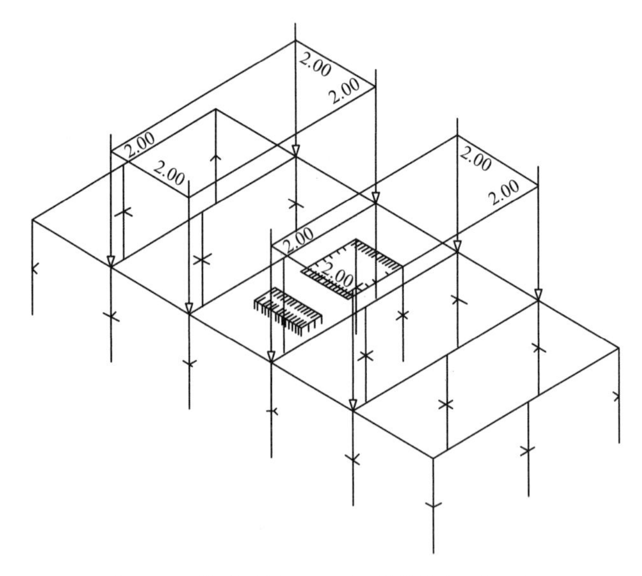

图 2.12　荷载工况 1366 的荷载分布（kN/m）

除此之外，还分析了其他的组合形式，但不起控制作用，不再给出。

2.2.3.6　荷载工况 10001、10011、10021 和 10031

这些荷载工况包括 0～5 层布置的可变使用荷载 1。荷载工况 10001 与荷载工况 1356 相似。地面层、第 2 和 4 层的荷载布置如图 2.11 所示，第 3 和 5 层的荷载布置相反。

荷载工况 10011 与荷载工况 1366 相似，地面层、第 2 和 4 层与图 2.12 所示的荷载布置相同。第 3 和 5 层的荷载布置相反（即荷载布置在①～②轴、③～④轴和⑤～⑥轴之间的区域）。

荷载工况 10021 与荷载工况 1326 相似，地面层～5 层的荷载布置与图 2.9 所示的相同。

荷载工况10031与荷载工况1336相同，荷载作用于所有楼层的所有区域。

2.2.3.7 荷载工况10101、10111、10121和10131

这些荷载工况为布置于－1层和－2层及外部区域的使用荷载2，这种外部荷载是从地面层～第6层连续布置的。例如，荷载工况10101属于荷载工况10001。

停车荷载按其本身的荷载工况确定，因为如2.2.1节所述，停车库荷载等级不同于居住区和办公室。

2.2.4 荷载工况的组合规则

假定每种组合中均存在恒荷载工况，荷载工况51和101不会同时出现。如果官方认可，雪荷载工况201～206可按同时出现考虑。

荷载工况1326、1336、1356和1366分别单独出现，工况10001、10011、10021和10031及工况10101、10111、10121和10131也是如此。

此外，荷载工况1326、1336、1356和1366之一与荷载工况10001、10011、10021和10031之一会同时起控制作用，因为它们是同一等级的。

对于承载能力极限状态，只需计算一种荷载组合（基本组合）：

$$\gamma_G G \oplus \gamma_{Q,1} Q_1 \oplus \gamma_{Q,i} \sum(\psi_{0,i} Q_i) \tag{2.1}$$

其中$\gamma_G=1.35$，$\gamma_{Q,1}=\gamma_{Q,i}=1.5$。

对于正常使用极限状态，需要计算以下两种荷载组合：

（1）标准组合

$$G \oplus Q_1 \oplus \sum(\psi_{0,i} Q_i) \tag{2.2}$$

（2）准永久组合

$$G \oplus \sum(\psi_{2,i} Q_i) \tag{2.3}$$

2.3 内力和弯矩

2.3.1 内力和弯矩计算位置

2.3.1.1 柱B2

柱B2内力按基础顶面柱底计算，同时计算与柱端内力值有关的柱顶（地下停车库－2层）的内力。

对于基础的设计，计算基础底部的内力。

2.3.1.2 剪力墙B1

剪力墙B1的内力按墙底部（地面）计算。

2.3.1.3 ②轴框架梁

对于“梁上板”，计算的内力和弯矩表示②轴线第2层梁的内力和弯矩。

2.3.1.4 Ⓑ轴框架梁

对于嵌有照明灯的板，计算的内力和弯矩表示Ⓑ轴线第2层梁的内力和弯矩。只给出了 1～3 区（4 和 5 区与 1 和 2 区对称）的计算结果。

2.3.1.5　平板抗冲切

V_d 为柱 A1 和柱 B2 垂直穿过第 2 层楼板（平板）的剪力设计值。

2.3.2　结构分析结果

除冲切力（见 2.3.1.5 节）外，计算所有的内力和弯矩特征值，然后按第 2.2.4 节的各种组合方式进行组合。对于每一种组合形式，进行叠加计算，单位为“kN”和“m”。

（1）计算最大内弯矩 M_y 和相应的内力 N、V_y 和 V_z 及内弯矩 M_z，结果称为“max M_y”。

（2）计算最大内弯矩 M_z 和相应的内力 N、V_y 和 V_z 及内弯矩 M_y，结果称为“max M_z”。

（3）计算最大内力 V_y 和相应的内力 N、V_z 及内弯矩 M_y 和 M_z，结果称为“max V_y”。

（4）计算最大内力 V_z 和相应的内力 N、V_y 及内弯矩 M_y 和 M_z，结果称为“max V_z”。

（5）计算最大内力 N 和相应的内力 V_y、V_z 及内弯矩 M_y 和 M_z，结果称为“max N”。

（6）计算最小内弯矩 M_y 和相应的内力 N、V_y 和 V_z 及内弯矩 M_z，结果称为“min M_y”。

（7）计算最小内弯矩 M_z 和相应的内力 N、V_y 和 V_z 及内弯矩 M_y，结果称为“min M_z”。

（8）计算最小内力 V_y 和相应的内力 N、V_z 及内弯矩 M_y 和 M_z，结果称为“min V_y”。

（9）计算最小内力 V_z 和相应的内力 N、V_z 及内弯矩 M_y 和 M_z，结果称为“min V_z”。

（10）计算最小内力 N 和相应的内力 V_y、V_z 及内弯矩 M_y 和 M_z，结果称为“min N”。

对于平板，只计算了两个柱的最大剪力 V_{Ed}。

2.3.2.1　柱 B2 承载能力极限状态和正常使用极限状态计算

对于柱承载能力极限状态设计，按式（2.1）表示的组合计算的内力见表 2.2。柱局部坐标系的 Y 轴与整体坐标系的 X 轴相同，平行于结构的长边。局部坐标系 Z 轴与整体坐标系（负）Y 轴相同，均垂直于相同的边。

表 2.2～表 2.4 所示为柱底端的内力组合值，表 2.5～表 2.7 为－2 层停车库柱顶的内力组合值。

柱 B2 底端承载能力极限状态内力组合　　　　**表 2.2**

组合	N_d (kN)	$V_{y,d}$ (kN)	$V_{z,d}$ (kN)	$M_{y,d}$ (kN·m)	$M_{z,d}$ (kN·m)	考虑的荷载工况	
						Q_1	Q_i
max M_y	−4517.82	0.23	−4.05	4.21	−0.31	101	203～206,1356,10111
max M_z	−4827.82	4.46	1.88	−2.43	4.45	10111	51,203～206,10011
max V_y	−4827.82	4.46	1.88	−2.43	4.45	10111	51,203～206,10011
max V_z	−5139.33	−2.46	2.96	−3.62	−2.08	51	10031,10101
max N	−4408.94	−1.83	2.27	−2.73	−1.38	51	202～205
min M_y	−5300.62	−2.48	2.96	−3.64	−2.12	51	201,1326,10031,10101

续表

组合	N_d (kN)	$V_{y,d}$ (kN)	$V_{z,d}$ (kN)	$M_{y,d}$ (kN·m)	$M_{z,d}$ (kN·m)	考虑的荷载工况	
						Q_1	Q_i
min M_z	−5407.83	−4.65	−1.43	1.17	−4.85	10121	101,201,202,1326,10021
min V_y	−5358.27	−4.81	−1.46	−2.09	−4.70	10121	201,202,1356,10021
min V_z	−4467.29	0.25	−4.05	4.20	−0.29	101	202～206,10111
min N	−5697.49	−4.53	1.54	−2.36	−4.49	10031 和 1336	201,10121

表 2.3 为正常使用极限状态的内力组合结果，第一种组合公式见式（2.2），第二种组合公式见式（2.3）。

柱 B2 底端正常使用极限状态内力组合——特征组合　　表 2.3

组合	N_d (kN)	$V_{y,d}$ (kN)	$V_{z,d}$ (kN)	$M_{y,d}$ (kN·m)	$M_{z,d}$ (kN·m)	考虑的荷载工况	
						Q_1	Q_i
max M_y	−3339.34	−0.10	−2.63	2.70	−0.45	101	203～206,1356,10111
max M_z	−3546.00	2.72	1.31	−1.73	2.72	10111	51,203～206,10011
max V_y	−3546.00	2.72	1.31	−1.73	2.72	10111	51,203～206,10011
max V_z	−3753.68	−1.89	2.04	−2.52	−1.63	51	10031,10101
max N	−3266.75	−1.47	1.58	−1.93	−1.17	51	202～205
min M_y	−3861.20	−1.91	2.04	−2.53	−1.66	51	201,1326,10031,10101
min M_z	−3932.68	−3.35	−0.89	0.67	−3.48	10121	101,201,202,1326,10021
min V_y	−3899.64	−3.46	1.04	−1.50	−3.38	10121	201,202,1356,10021
min V_z	−3305.65	−0.08	−2.63	2.69	−0.44	101	202～206,10111
min N	−4125.78	−3.27	1.09	−1.68	−3.23	10031 和 1336	201,10121

柱 B2 底端正常使用极限状态内力组合——准永久组合　　表 2.4

组合	N_d (kN)	$V_{y,d}$ (kN)	$V_{z,d}$ (kN)	$M_{y,d}$ (kN·m)	$M_{z,d}$ (kN·m)	考虑的荷载工况 Q_i
max M_y	−3316.43	−0.60	0.63	−1.04	−0.60	1356,10111
max M_z	−3419.06	1.28	0.68	−1.11	1.18	10011,10111
max V_y	−3419.06	1.28	0.68	−1.11	1.18	10011,10111
max V_z	−3482.90	−2.71	0.82	−1.31	−2.64	10031,10101
max N	—	—	—	—	—	不适用
min M_y	−3526.55	−2.83	0.92	−1.39	−2.73	1326,10031,10101
min M_z	−3596.67	−3.32	0.95	−1.35	−3.16	1326,10021,10121
min V_y	−3582.47	−3.32	0.95	−1.35	−3.15	1356,10021,10121
min V_z	−3301.99	−0.59	0.63	−1.04	−0.60	10111
min N	−4075.03	−3.20	1.07	−1.66	−3.17	1336,10031,10121

基础的内力设计值等于上述数值加上基础恒荷载产生的内力。

表 2.5～表 2.7 为根据柱底内力叠加得到的柱顶（−2 层停车库）内力组合值。正常使用极限状态，第一种组合见式（2.2），第二种组合见式（2.3）。

柱 B2 顶端承载能力极限状态内力组合 表 2.5

组合	N_d (kN)	$V_{y,d}$ (kN)	$V_{z,d}$ (kN)	$M_{y,d}$ (kN·m)	$M_{z,d}$ (kN·m)	考虑的荷载工况	
						Q_1	Q_i
max M_y	−4492.51	0.23	−4.05	−7.92	0.60	101	203-206,1356,10111
max M_z	−4802.51	4.46	1.88	3.18	−8.95	10111	51,203～206,10011
max V_y	−4802.51	4.46	1.88	3.18	−8.95	10111	51,203～206,10011
max V_z	−5114.02	−2.46	2.96	5.28	5.24	51	10031,10101
max N	−4383.62	−1.83	2.27	4.10	4.05	51	202～205
min M_y	−5275.31	−2.48	2.96	5.28	5.28	51	201,1326,10031,10101
min M_z	−5382.52	−4.65	−1.43	−3.10	10.09	10121	101,201,202,1326,10021
min V_y	−5332.96	−4.81	1.46	2.32	9.75	10121	201,202,1356,10021
min V_z	−4441.97	0.25	−4.05	−7.93	0.56	101	202～206,10111
min N	−5672.18	−4.53	1.54	2.30	9.13	10031 和 1336	201,10121

柱 B2 顶端正常使用极限状态内力组合——特征组合 表 2.6

组合	N_d (kN)	$V_{y,d}$ (kN)	$V_{z,d}$ (kN)	$M_{y,d}$ (kN·m)	$M_{z,d}$ (kN·m)	考虑的荷载工况	
						Q_1	Q_i
max M_y	−3320.59	−0.10	−2.63	−5.20	0.91	101	203～206,1356,10111
max M_z	−3527.25	2.72	1.31	2.20	−5.45	10111	51,203～206,10011
max V_y	−3527.25	2.72	1.31	2.20	−5.45	10111	51,203～206,10011
max V_z	−3734.93	−1.89	2.04	3.61	4.01	51	10031,10101
max N	−3248.00	−1.47	1.58	2.82	3.22	51	202～205
min M_y	−3842.45	−1.91	2.04	3.61	4.04	51	201,1326,10031,10101
min M_z	−3913.93	−3.35	−0.89	−1.98	7.24	10121	101,201,202,1326,10021
min V_y	−3880.89	−3.46	1.04	1.63	7.01	10121	201,202,1356,10021
min V_z	−3286.90	−0.08	−2.63	−5.20	0.89	101	202～206,10111
min N	−4107.03	−3.27	1.09	1.62	6.60	10031 和 1336	201,10121

柱 B2 顶端正常使用极限状态内力组合——准永久组合 表 2.7

组合	N_d (kN)	$V_{y,d}$ (kN)	$V_{z,d}$ (kN)	$M_{y,d}$ (kN·m)	$M_{z,d}$ (kN·m)	考虑的荷载工况 Q_i
max M_y	−3297.68	−0.60	0.63	0.85	1.19	1356,10111
max M_z	−3400.31	1.28	0.68	0.93	−2.66	10011,10111
max V_y	−3400.31	1.28	0.68	0.93	−2.66	10011,10111
max V_z	−3464.15	−2.71	0.82	1.17	5.49	10031,10101
max N	—	—	—	—	—	不适用
min M_y	−3507.80	−2.83	0.92	1.38	5.74	1326,10031,10101
min M_z	−3577.92	−3.32	0.95	1.49	6.83	1326,10021,10121
min V_y	−3563.72	−3.32	0.95	1.50	6.83	1356,10021,10121
min V_z	−3283.24	−0.59	0.63	0.84	1.18	10111
min N	−4065.28	−3.20	1.07	1.56	6.43	1336,10031,10121

2.3.2.2　剪力墙 B1 承载能力极限状态和正常使用极限状态计算

（1）墙承载能力极限状态设计组合结果

组合公式见式（2.1），图 2.13 所示为剪力墙内力组合“max M_z”的例子。

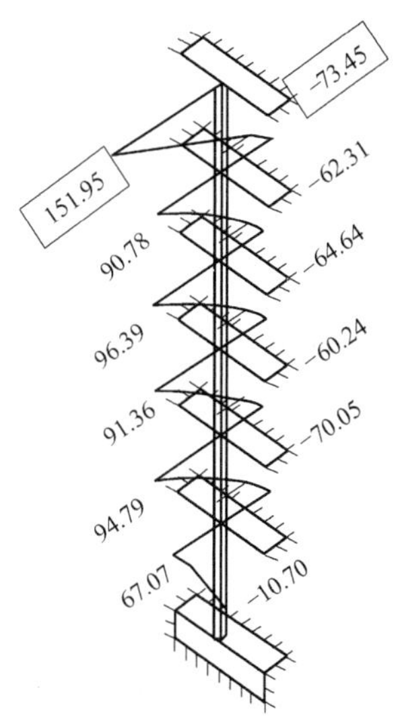

图 2.13　承载能力极限状态最大内力组合“max M_z”

需要说明的是，柱局部坐标系的 Y 轴与整体坐标系的 X 轴相同，平行于结构的长边。柱局部坐标系的 Z 轴与整体坐标系的（负）Y 轴相同，垂直于结构相同的长边（表 2.8）。

剪力墙 B1（底部）承载能力极限状态内力组合　　表 2.8

组合	N_d (kN)	$V_{y,d}$ (kN)	$V_{z,d}$ (kN)	$M_{y,d}$ (kN·m)	$M_{z,d}$ (kN·m)	考虑的荷载工况	
						Q_1	Q_i
max M_y	−2392.60	−22.90	10.17	66.59	−35.53	101	10021
max M_z	−2190.99	3.16	11.44	−29.59	−10.75	51	1336,10111
max V_y	−2143.66	3.21	11.57	−29.44	−10.73	51	203,10111
max V_z	−2178.68	−18.13	12.01	65.73	−25.93	101	205,1356,10131
max N	−2143.70	2.85	10.91	−29.24	−11.78	51	—
min M_y	−2338.46	0.73	10.39	−30.71	−15.60	51	201,205,206,1336,10001,10131
min M_z	−2493.57	−24.85	7.69	38.22	−39.31	1366 和 10031	101
min V_y	−2523.28	−24.88	7.64	38.61	−39.34	1366 和 10021	101,201
min V_z	−2353.11	−21.55	3.94	−5.27	−32.94	1366 和 10001	—
min N	−2591.47	−24.54	5.40	−3.55	−38.32	1326 和 10021	201,10121

（2）墙正常使用极限状态设计组合结果

正常使用极限状态设计的第一种组合见式（2.2），第二种组合见式（2.3），组合结果见表 2.9 和表 2.10。

剪力墙 B1（底部）正常使用极限状态内力组合——特征组合　　表 2.9

组合	N_d (kN)	$V_{y,d}$ (kN)	$V_{z,d}$ (kN)	$M_{y,d}$ (kN·m)	$M_{z,d}$ (kN·m)	考虑的荷载工况	
						Q_1	Q_i
max M_y	−1754.69	−16.62	7.23	44.11	25.64	101	10021
max M_z	−1620.29	0.76	8.08	−20.41	−9.11	51	1336,10111
max V_y	−1588.74	0.79	8.17	−19.91	−9.10	51	203,10111
max V_z	−1612.08	−13.43	8.46	43.54	−19.23	101	205,1356,10131
max N	−1588.76	0.55	7.73	−19.78	−9.80	51	—
min M_y	−1718.61	−0.86	7.38	−20.76	−12.35	51	201,205,206,1336,10001,10131
min M_z	−1822.01	−17.91	5.58	25.19	−28.16	1366 和 10031	101
min V_y	−1841.82	−17.93	5.55	25.45	−28.18	1366 和 10021	101,201
min V_z	−1728.37	−15.74	3.08	−3.80	−23.91	1366 和 10001	—
min N	−1887.27	−17.71	4.06	−2.65	−27.50	1326 和 10021	201,10121

剪力墙 B1（底部）正常使用极限状态内力组合——准永久组合　　表 2.10

组合	N_d (kN)	$V_{y,d}$ (kN)	$V_{z,d}$ (kN)	$M_{y,d}$ (kN·m)	$M_{z,d}$ (kN·m)	考虑的荷载工况 Q_i
max M_y	−1664.22	−14.79	4.31	−2.72	−22.04	10021
max M_z	−1609.81	−13.30	4.87	−3.01	−18.92	1336,10111
max V_y	−1596.30	−13.29	4.89	−2.96	−18.92	10011
max V_z	−1603.16	−13.36	5.05	−3.03	−19.09	1356,10131
max N	−1596.29	−13.49	4.55	−2.85	−19.50	—
min M_y	−1643.80	−14.02	4.63	−3.31	−20.39	1336,10001,10131
min M_z	−1664.02	−14.80	4.27	−2.83	−22.06	1336,10031
min V_y	−1664.02	−14.80	4.27	−2.74	−22.07	1366,10021,
min V_z	−1630.17	−14.16	4.12	−3.12	−20.82	1366,10001
min N	−1677.96	−14.66	4.60	−2.85	−21.63	1326,10021,10121

2.3.2.3 ②轴框架梁承载能力极限状态计算

图 2.14 和图 2.15 所示为②轴框架梁最大弯矩“max M_y”的内力组合结果。

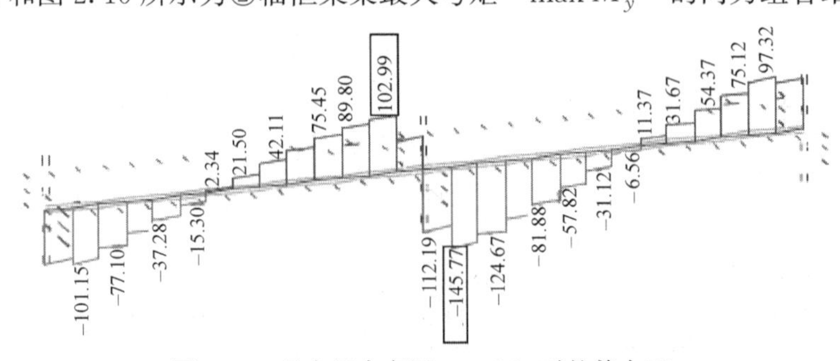

图 2.14　最大组合弯矩 max M_y 时的剪力 V_z

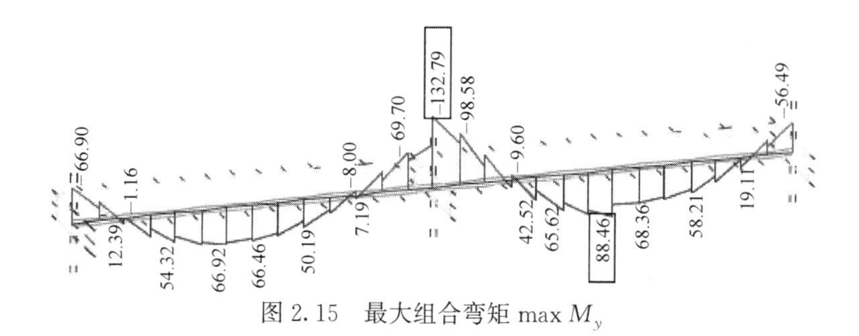

图 2.15　最大组合弯矩 max M_y

最小组合"min M_y"考虑两种情况。第一种情况为端支座的弯矩最小，第二种情况为内支座的弯矩最小。这对于减少计算数据的输出是很有必要的，否则有限元计算结果文件的数据量很大。

图 2.16 和图 2.17 为端支座最小弯矩"min M_y"的组合结果。

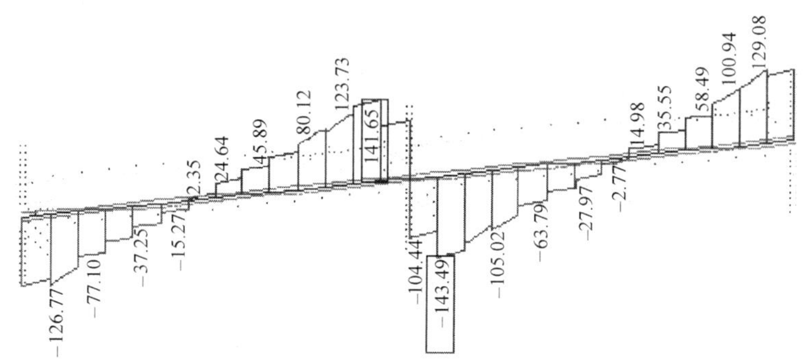

图 2.16　最小组合弯矩"min M_y"时的剪力 V_z

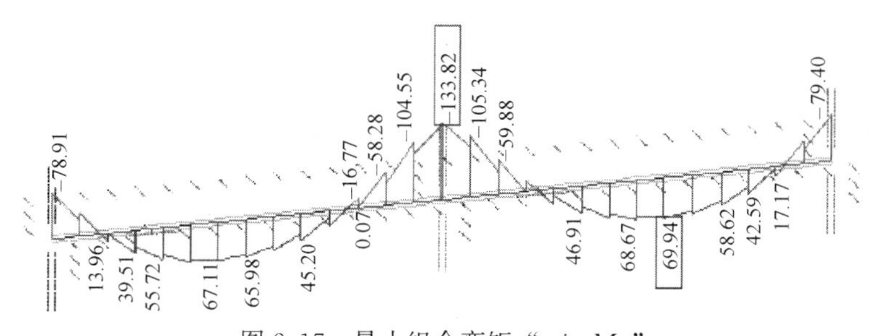

图 2.17　最小组合弯矩"min M_y"

图 2.18 和图 2.19 所示为内支座最小组合弯矩"min M_y"。

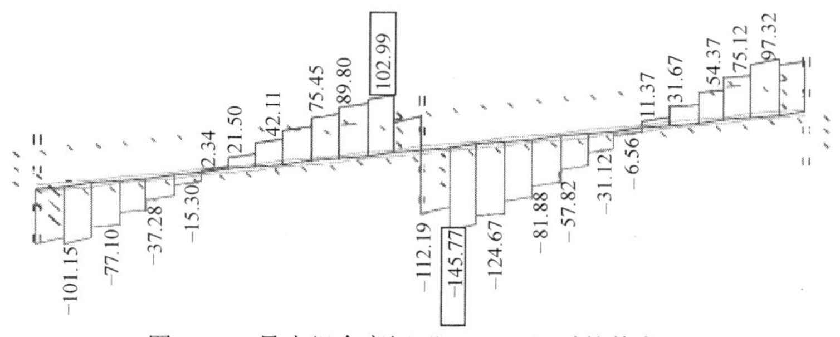

图 2.18　最小组合弯矩"min M_y"时的剪力 V_z

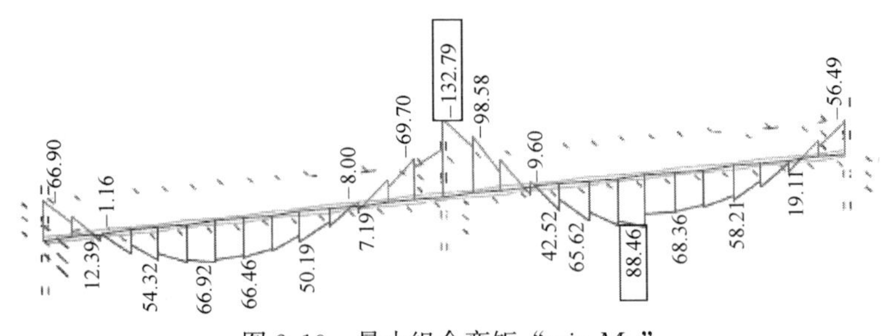

图 2.19　最小组合弯矩“min M_y”

图 2.20 和图 2.21 所示为端支座最大剪力“max V_z”的组合结果。

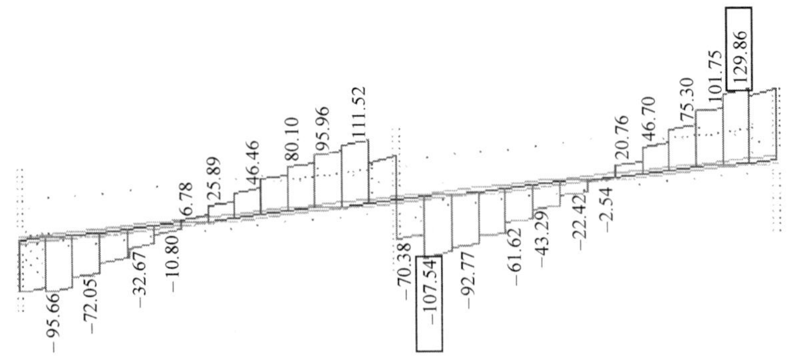

图 2.20　最大组合剪力“max V_z”

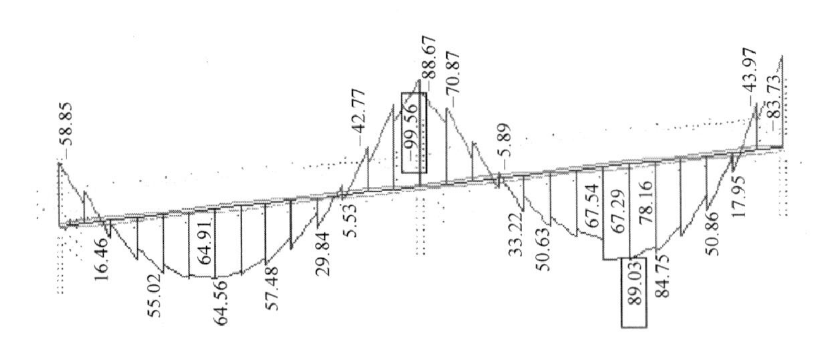

图 2.21　最大组合剪力“max V_z”时的弯矩 M_y

图 2.22 和图 2.23 所示为内支座最小剪力“min V_z”的组合结果。

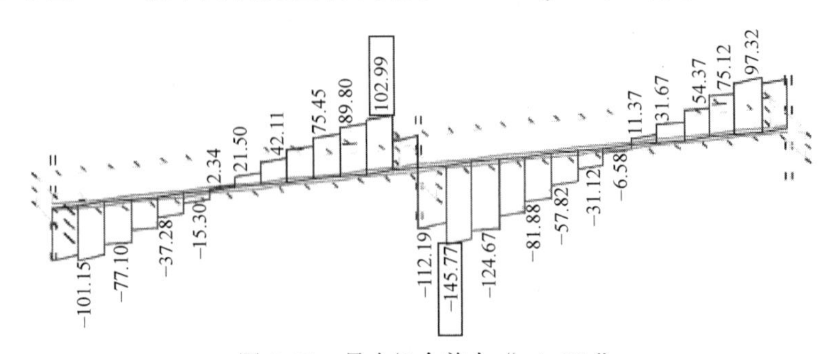

图 2.22　最小组合剪力“min V_z”

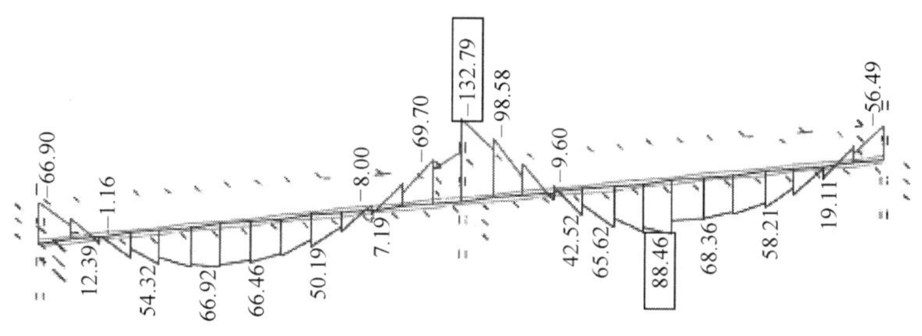

图 2.23　最小组合剪力“min V_z”时的弯矩 M_y

2.3.2.4　Ⓑ轴框架梁承载能力极限状态计算

最大弯矩“max M_y”的组合考虑两种情况。第一种情况为 1 区的最大弯矩，第二种情况为 2 区的最大弯矩。同样，这对于减少数据输出是必要的，否则有限元计算结果文件的数据量很大。

图 2.24 和图 2.25 所示为 1 区最大弯矩“max M_y”的组合结果。

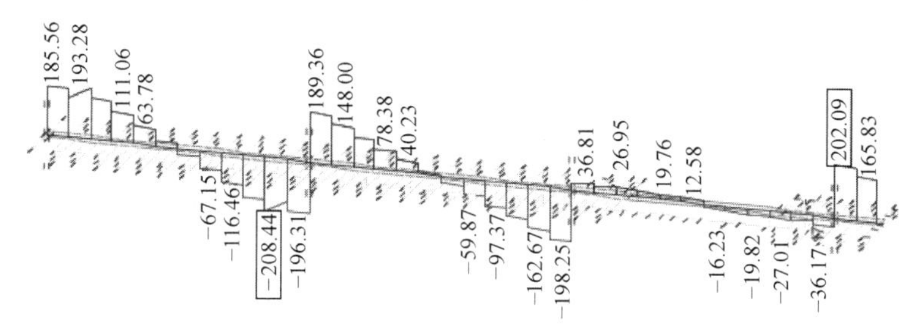

图 2.24　最大组合弯矩“max M_y”时的剪力 V_z

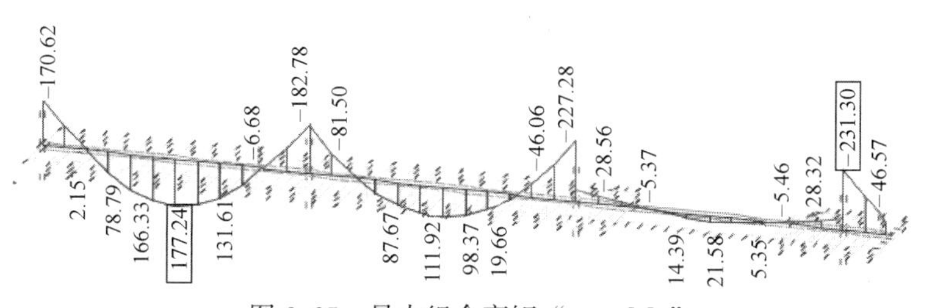

图 2.25　最大组合弯矩“max M_y”

图 2.26 和图 2.27 所示为 2 区最大弯矩“max M_y”的组合结果。

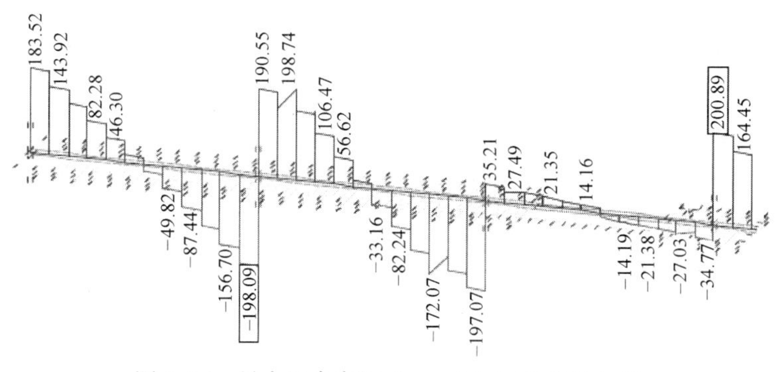

图 2.26　最大组合弯矩“max M_y”时的剪力 V_z

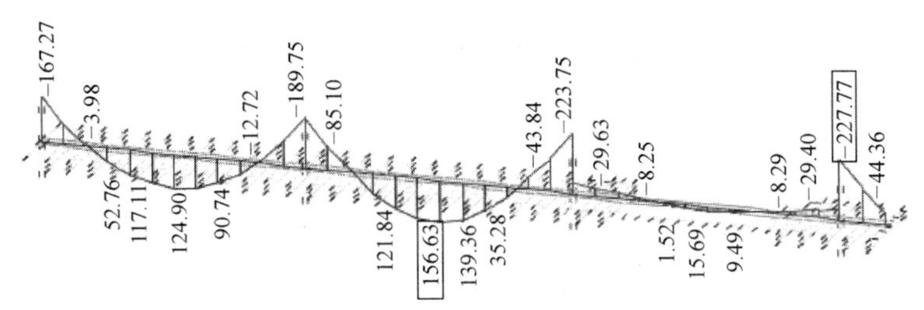

图 2.27　最大组合弯矩“max M_y”

最小组合弯矩“min M_y”考虑三种情况：第一种情况为端支座最小弯矩；第二种情况为第一个内支座的最小弯矩；第三种情况为第二个内支座的最小弯矩。同样也是为减少数据输出。

图 2.28 和图 2.29 所示为端支座最小弯矩“min M_y”的组合结果。

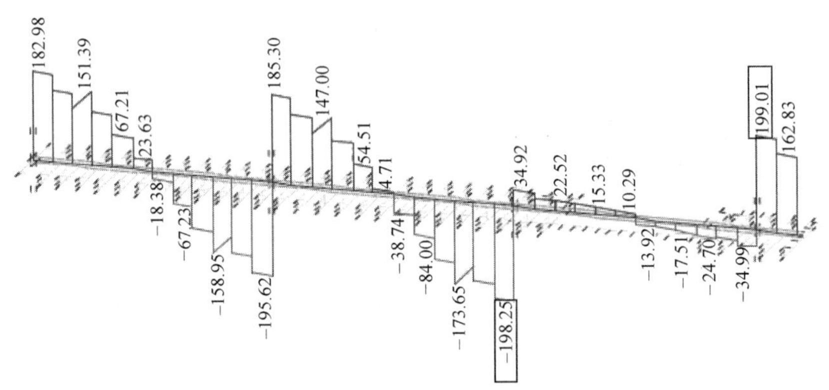

图 2.28　最小组合弯矩“min M_y”时的剪力 V_z

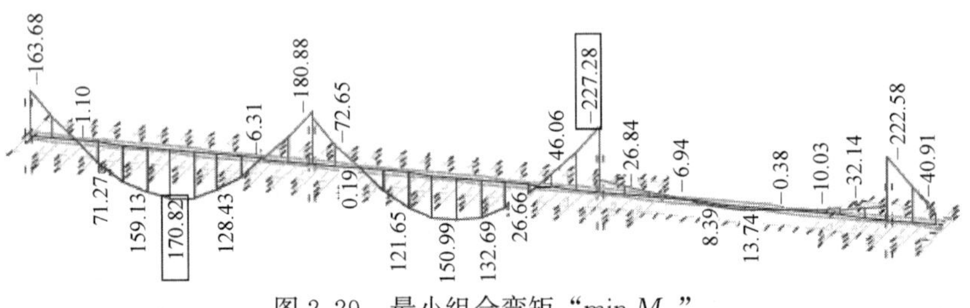

图 2.29　最小组合弯矩“min M_y”

图 2.30 和图 2.31 所示为第一个内支座最小弯矩“min M_y”的组合结果。

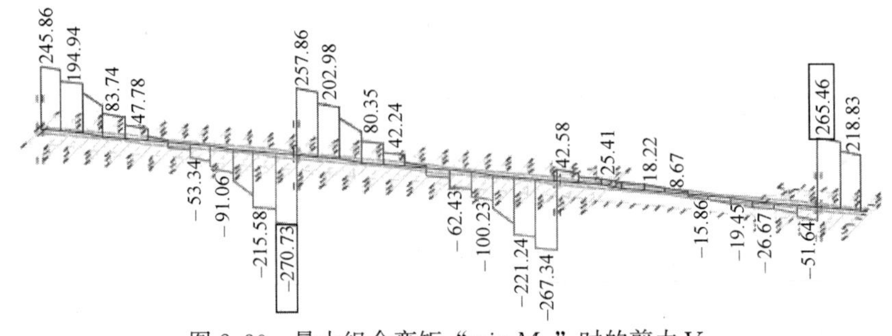

图 2.30　最小组合弯矩“min M_y”时的剪力 V_z

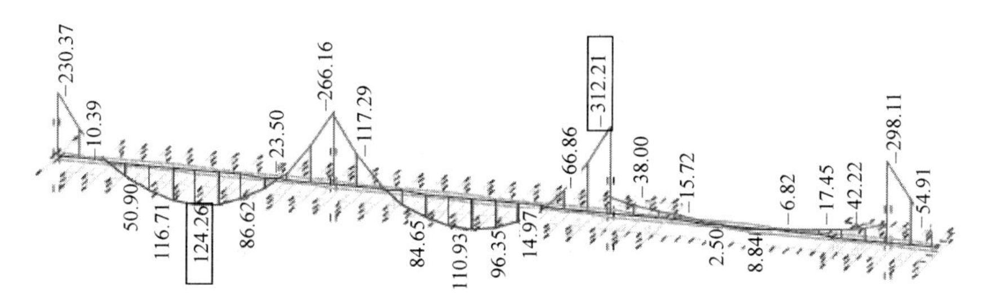

图 2.31　最小组合弯矩“min M_y”

图 2.32 和图 2.33 所示为第二个内支座最小弯矩“min M_y”的组合结果。

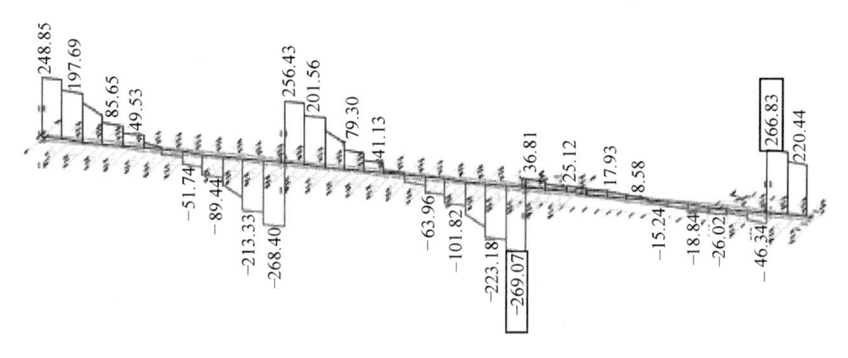

图 2.32　最小组合弯矩“min M_y”时的剪力 V_z

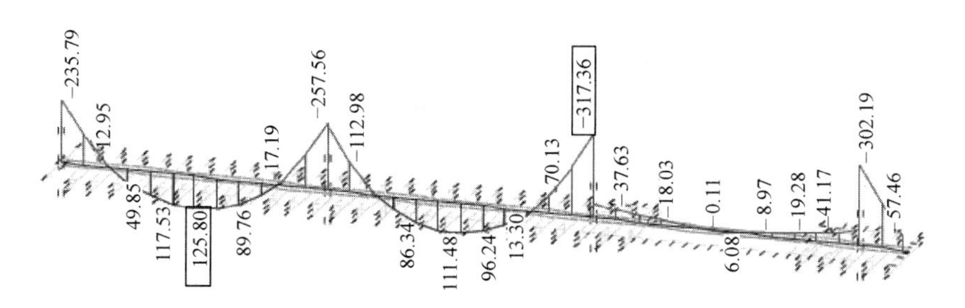

图 2.33　最小组合弯矩“min M_y”

图 2.34 和图 2.35 所示为端支座最大剪力“max V_z”组合结果。

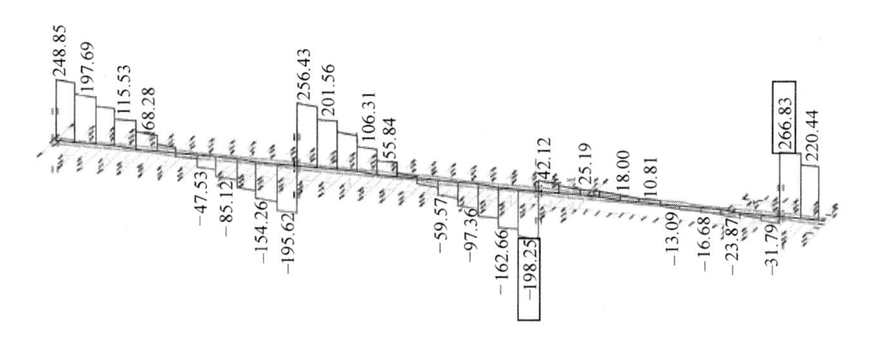

图 2.34　最大组合剪力“max V_z”

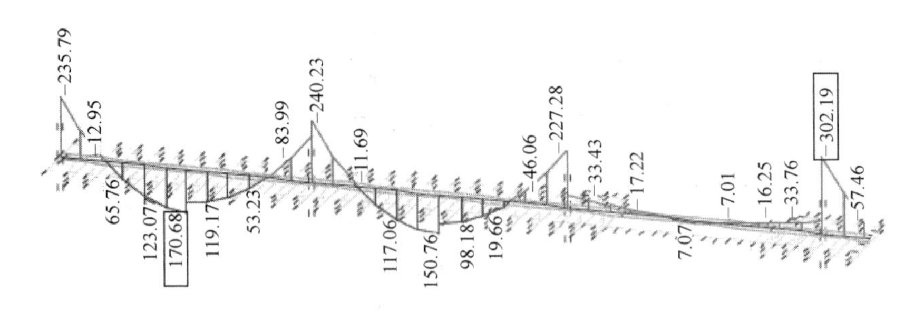

图 2.35　最大组合剪力“max V_z”时的弯矩 M_y

图 2.36 和图 2.37 所示为第一个内支座最小剪力“min V_z”的组合结果。

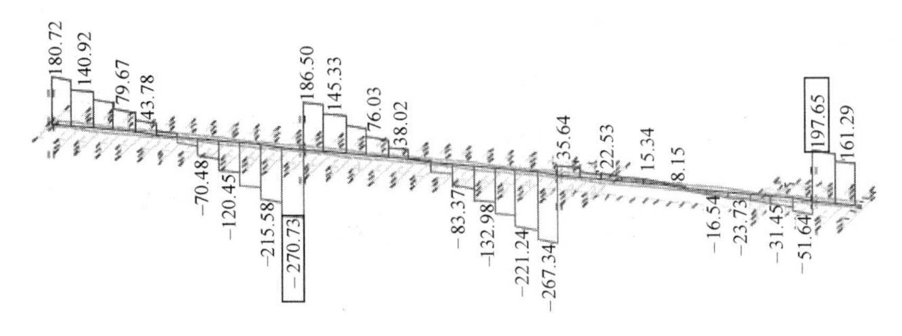

图 2.36　最小组合剪力“min V_z”

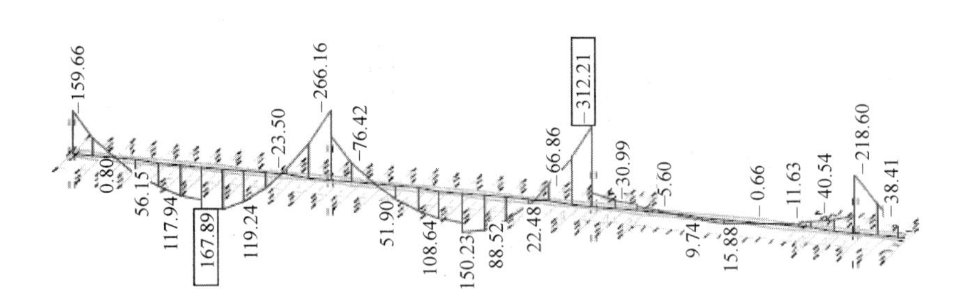

图 2.37　最小组合剪力“min V_z”时的弯矩 M_y

图 2.38 和图 2.39 所示为第二个内支座最小剪力“min V_z”的组合结果。

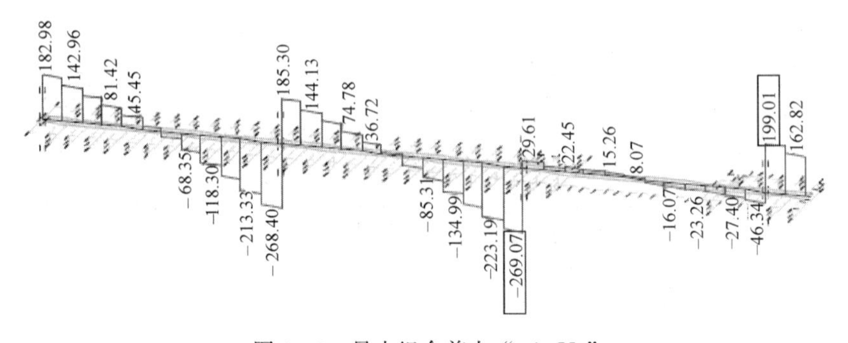

图 2.38　最小组合剪力“min V_z”

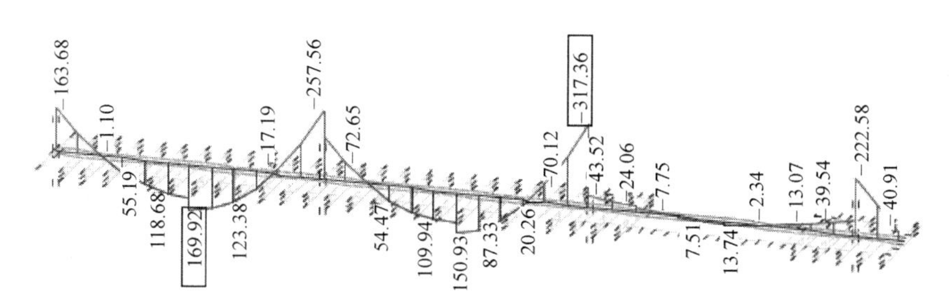

图 2.39　最小组合剪力“min V_z”时的弯矩 M_y

2.3.2.5　平板抗冲切承载能力极限状态计算

承载能力极限状态下冲切力组合结果见表 2.11，组合公式见式（2.1）。

柱 A1 和柱 B2 处平板的冲切力　　　　**表 2.11**

位置	V_d(kN)	考虑的荷载工况	
		Q_1	Q_i
A1 柱	176.48	10021	1356,201
B2 柱	693.02	10021	202,101

平板不进行正常使用极限状态验算。

第 3 章

极限状态设计（承载能力极限状态和正常使用极限状态）

3.1 引言

3.1.1 目的

本章的目的是根据欧洲规范 2 设计一个有 2 层地下停车库的 6 层建筑，基本情况见第 1 章 1.2.1 节。底层平面图和主剖面图如图 3.1 和图 3.2 所示。

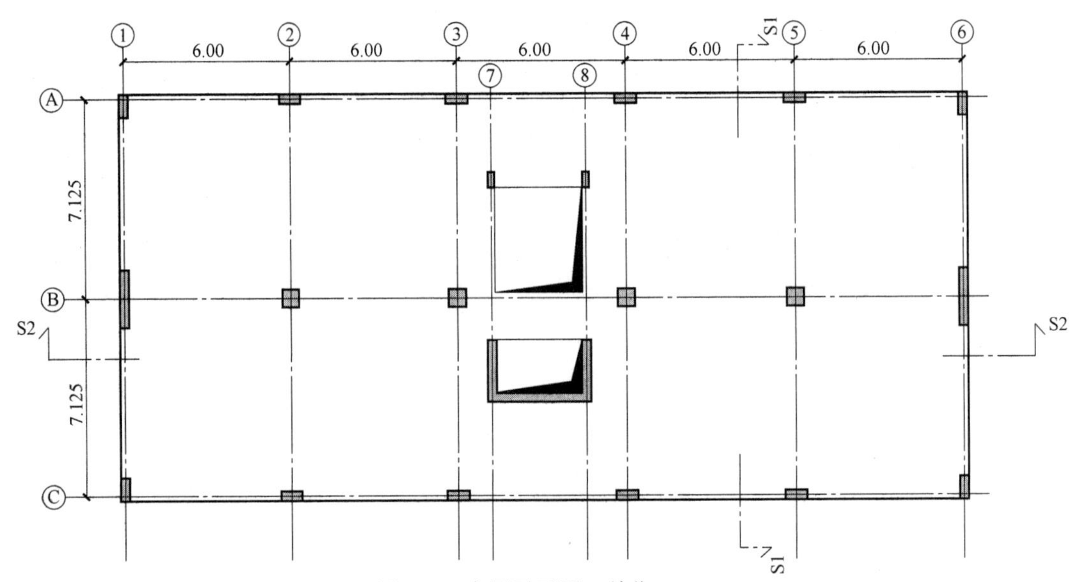

图 3.1　底层平面图（单位：m）

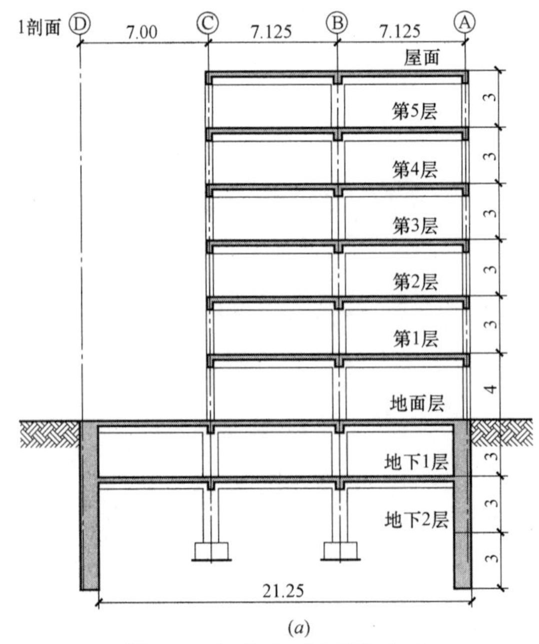

图 3.2　S1 和 S2 剖面图（一）

(a) S1 剖面（单位：m）

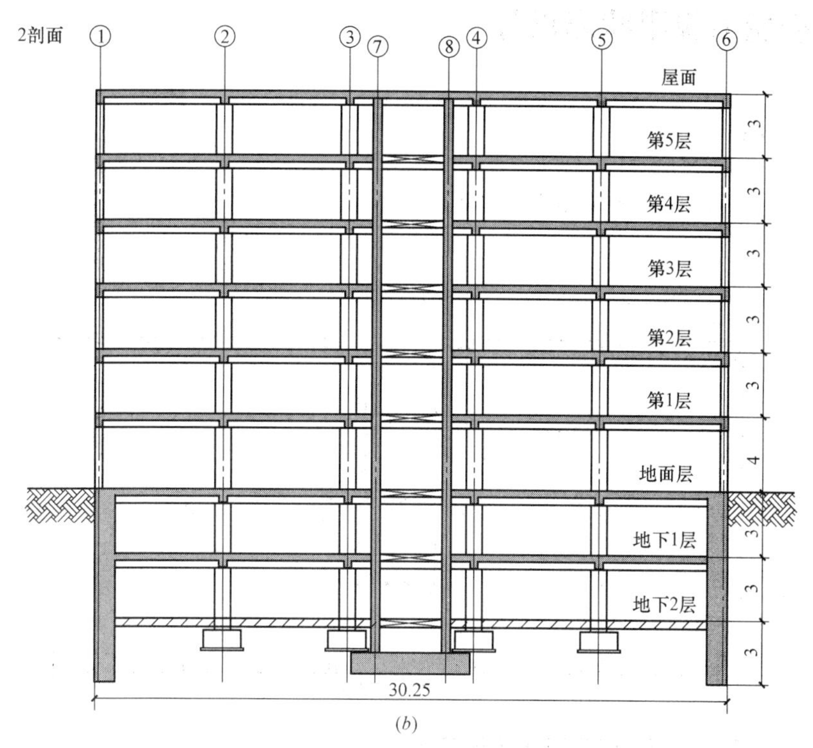

(*b*)

图 3.2　S1 和 S2 剖面图（二）

（*b*）S2 剖面（单位：m）

根据第 2 章的结构分析结果，下面对承载能力极限状态下的受弯、受剪、轴压和受冲切承载力进行计算。为同时满足正常使用极限状态要求，也进行了裂缝宽度和变形计算。

考虑下面三种不同类型的板：

（1）梁上的板（$h_{板}=0.18\text{m}$，$h_{梁}=0.40\text{m}$）；

（2）平板（$h=0.21\text{m}$）；

（3）嵌有照明灯的板（$h=0.23\text{m}$，T 形梁：$h=0.40\text{m}$）。

此外，也需对梁和柱进行验算。

3.1.2　材料

表 3.1 所示为采用的材料参数和承载能力极限状态分项系数。

材料参数　　**表 3.1**

混凝土等级	钢筋等级
梁和板：C25/C30	B500
柱：C30/C37	B500
环境等级 XC2-XC3：$c_{nom}=30\text{mm}$	—
$\gamma_c=1.5$	$\gamma_s=1.15$

3.2 承载能力极限状态设计

3.2.1 梁上板

图 3.3 所示为本章所分析的梁（②轴）。

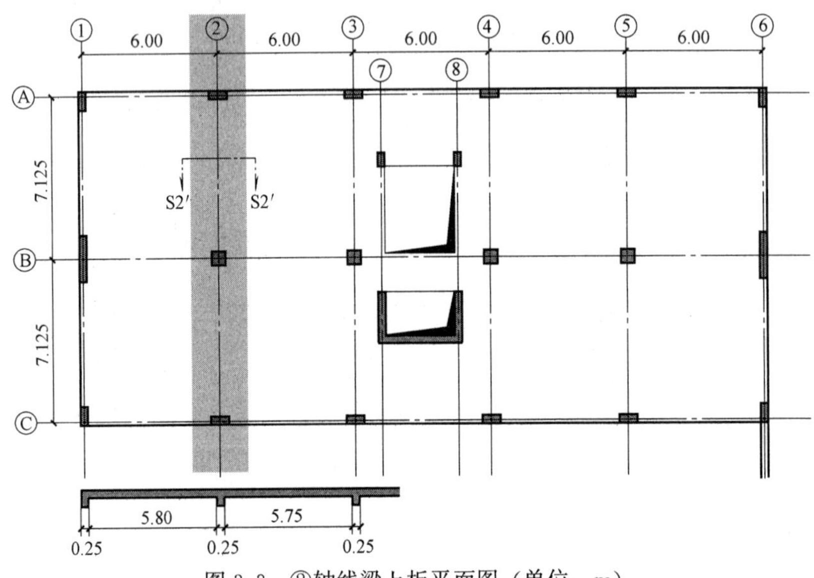

图 3.3 ②轴线梁上板平面图（单位：m）

3.2.1.1 梁上板的静力计算模型和截面

图 3.4 所示为主梁的静力计算模型和 S2′剖面，即需要确定有效宽度的 T 形截面连续梁。

根据 EC2 的第 5.3.2.1 款，有效宽度 b_{eff} 为：

$$b_{\text{eff}}=\sum b_{\text{eff},i}+b_{\text{w}}\leqslant b \tag{3.1}$$

其中

$$b_{\text{eff},i}=0.2b_i+0.1l_0\leqslant 0.2l_0 \quad 且\ b_{\text{eff},i}\leqslant b_i \tag{3.2}$$

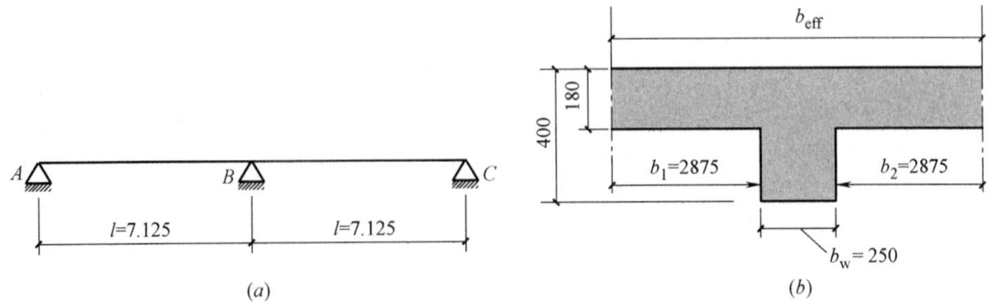

图 3.4 ②轴线梁的静力计算模型和梁的剖面

（a）静力计算模型（单位：m）；（b）S2′-S2′剖面（单位：mm）

将梁弯矩为0的截面之间的长度（图3.5）代入式（3.1）和式（3.2）得：

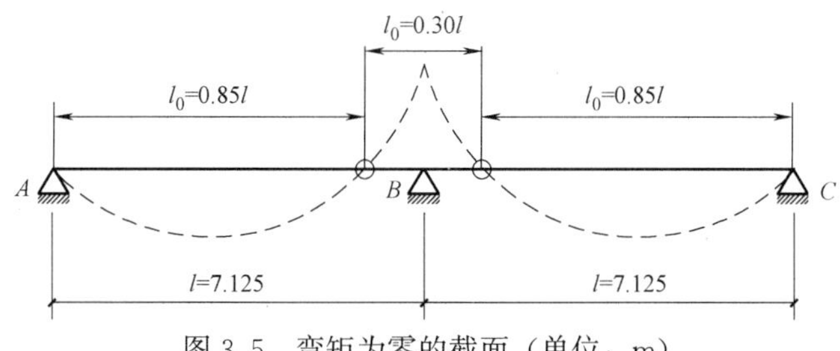

图3.5 弯矩为零的截面（单位：m）

（1）T形梁跨中截面

$$b_{eff,1}=0.2b_1+0.1(0.85l)=0.2\times2875+0.1\times(0.85\times7125)=1181\text{mm}<b_1=2875\text{mm}$$

$$b_{eff,1}=b_{eff,2}=1181\text{mm}$$

$$b_{eff}=2\times1181+250=2611\text{mm}$$

（2）T形梁内支座截面

$$b_{eff,1}=0.2b_1+0.1\times(0.30l)=0.2\times2875+0.1\times(0.30\times7125)=789\text{mm}<b_1=2875\text{mm}$$

$$b_{eff,1}=b_{eff,2}=789\text{mm}$$

$$b_{eff}=2\times789+250=1828\text{mm}$$

图3.6为T形梁跨中截面和内支座截面的有效宽度。

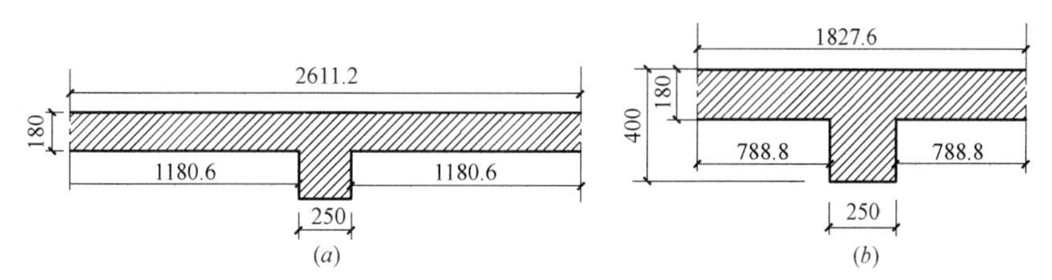

图3.6 梁上板的有效宽度（单位：mm）

（a）跨中截面；（b）内支座截面

图3.7所示为②轴梁的内力。最大弯矩设计值M_{Ed}和最大剪力设计值V_{Ed}为根据第2章的不同荷载工况得到的最大值。

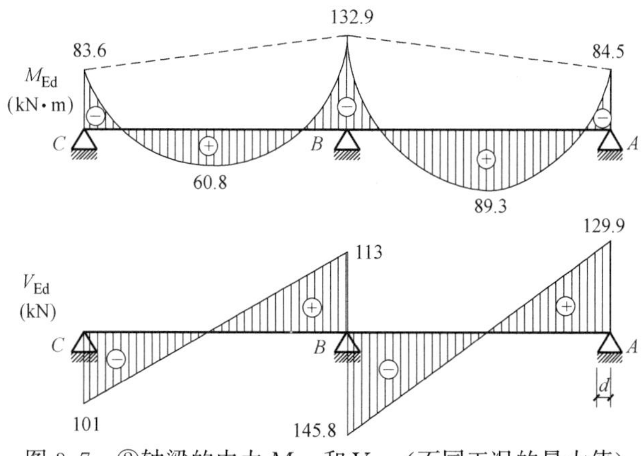

图3.7 ②轴梁的内力M_{Ed}和V_{Ed}（不同工况的最大值）

3.2.1.2 抗弯钢筋的确定

如图3.8所示，抗弯钢筋按简化的混凝土设计应力图确定（见EC2第3.1.7条）。当$f_{ck} \leqslant 50$MPa时，取$\lambda=0.8$，$\eta=1.0$。

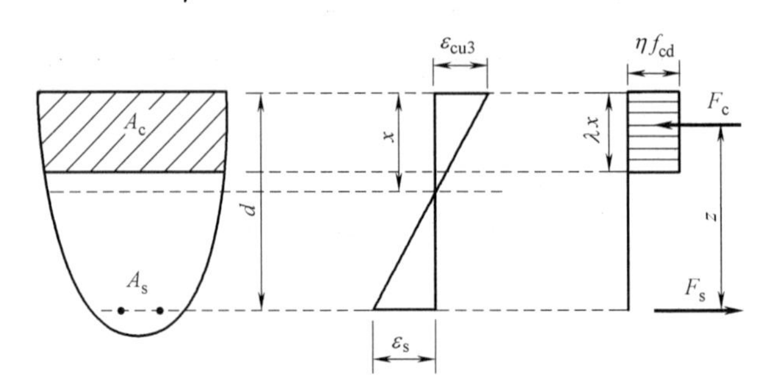

图3.8 EC2的受压混凝土应力分布

对于抗弯钢筋的计算，可以得到用于确定矩形受压区高度的设计图（图3.9）。

截面弯矩（图3.8）产生了受拉钢筋合力F_s和作用于混凝土有效受压区形心处的合力F_c。

根据力的平衡条件，承载能力极限状态下弯矩设计值M_{Ed}必须与抵抗弯矩M_{Rd}相平衡，因此：

$$M_{Ed}=F_c z=F_s z \tag{3.3}$$

式中 z——合力F_c与F_s之间的距离。

式（3.3）按下列公式计算：

$$F_c=f_{cd}b\lambda x \tag{3.4}$$

$$z=d-\frac{\lambda x}{2} \tag{3.5}$$

将式（3.4）和式（3.5）代入式（3.3）得：

$$M_{Ed}=2f_{cd}bd^2\left(1-\frac{z}{d}\right)\frac{z}{d} \tag{3.6}$$

或

$$\frac{M_{Ed}}{bd^2 f_{cd}}=2\left(1-\frac{z}{d}\right)\frac{z}{d} \tag{3.7}$$

也可写为如下形式：

$$\frac{M_{Ed}}{bd^2 f_{cd}}=K \tag{3.8}$$

其中

$$K=2\left(1-\frac{z}{d}\right)\frac{z}{d} \tag{3.9}$$

由式（3.9）得：

$$\frac{z}{d}=0.5+\sqrt{0.25-0.5K} \tag{3.10}$$

或写为下面的形式：

$$\frac{z}{d}=0.5(1+\sqrt{1-2K}) \tag{3.11}$$

上述公式成立的前提条件是假定钢筋在混凝土压碎之前屈服。

为确定上述公式成立的极限情况，需考虑“平衡”截面。通常假定当混凝土受压区高度达到 $x=0.45d$ 时的截面为平衡截面，相应的混凝土压力为：

$$F_{c,bal}=f_{cd}b\lambda x=f_{cd}b\times0.8\times0.45d=0.36bdf_{cd} \tag{3.12}$$

内力臂为：

$$z_{bal}=d-\frac{0.8\times0.45d}{2}=0.82d \tag{3.13}$$

联立式（3.11）和式（3.6）得：

$$M_{bal}=0.295bd^2f_{cd} \tag{3.14}$$

因此得到：

$$\frac{M_{bal}}{bd^2f_{cd}}=0.295=K' \tag{3.15}$$

将 K' 代入式（3.10）或由式（3.13）得：

$$\frac{z}{d}=0.82 \tag{3.16}$$

以 $z/d=0.82$ 作为上述公式成立的界限值，得到图3.9所示的设计曲线。

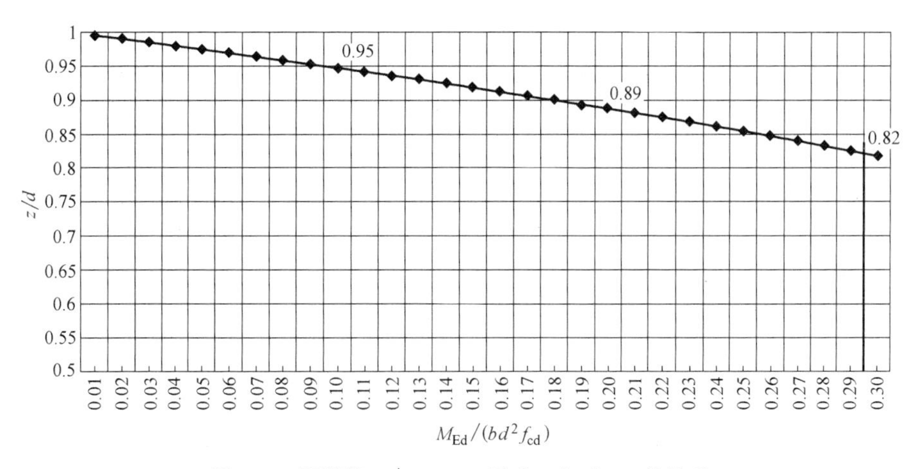

图3.9　界限值 $K'=0.295$ 以内 z/d 与 K 的关系

3.2.1.3　T形梁抗弯钢筋确定

（1）跨中截面

首先计算梁跨中截面需要的受弯钢筋（图3.10）。AB 跨梁的承载能力极限状态弯矩最大值为 $M_{Ed}=89.3\text{kN}\cdot\text{m}$，有效高度 $d=372\text{mm}$（见第2章）。

$$K=\frac{M_{Ed}}{bd^2f_{cd}}=\frac{89.3\times10^6}{2611.2\times372^2\times\frac{25}{1.5}}=0.0148<0.295\Rightarrow$$

$$\frac{z}{d}=0.5(1+\sqrt{1-2K})=0.5\times(1+\sqrt{1-2\times0.0148})=0.9925$$

$$A_{sl}=\frac{1}{f_{yd}}\left(\frac{M_{Ed}}{z}+N_{Ed}\right) \tag{3.17}$$

$$A_{sl}=\frac{1}{435}\times\frac{89.3\times10^6}{372\times0.9925}=556\text{mm}^2$$

即需配置钢筋 $4\phi14=616\text{mm}^2$ 或 $5\phi12=565\text{mm}^2$。

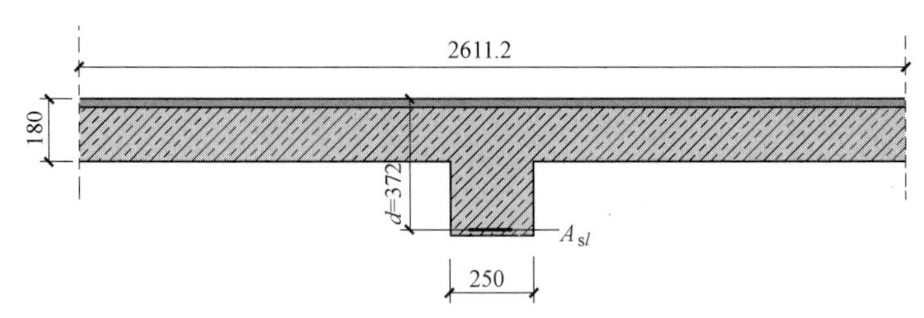

图 3.10　T 形梁跨中截面配筋（单位：mm）

（2）内支座截面

梁内支座 B 截面如图 3.11 所示。承载能力极限状态下支座最大弯矩为 $M_{Ed}=132.9\text{kN}\cdot\text{m}$。

$$K=\frac{M_{Ed}}{bd^2f_{cd}}=\frac{132.9\times10^6}{250\times372^2\times\frac{25}{1.5}}=0.230<0.295\Rightarrow$$

$$\frac{z}{d}=0.5(1+\sqrt{1-2K})=0.5\times(1+\sqrt{1-2\times0.230})=0.867$$

$$A_{sl}=\frac{1}{435}\times\frac{132.9\times10^6}{372\times0.867}=947\text{mm}^2$$

因此钢筋 $7\phi14=1078\text{mm}^2$ 或 $9\phi12=1018\text{mm}^2$ 可布置在有效宽度范围内。欧洲规范 2 建议钢筋集中布置在腹板区域。

3.2.1.4　梁抗剪设计

（1）梁抗剪承载力控制

按与支座距离为 d 截面的剪力 $V_{Ed,red}$ 计算（图 3.12）：

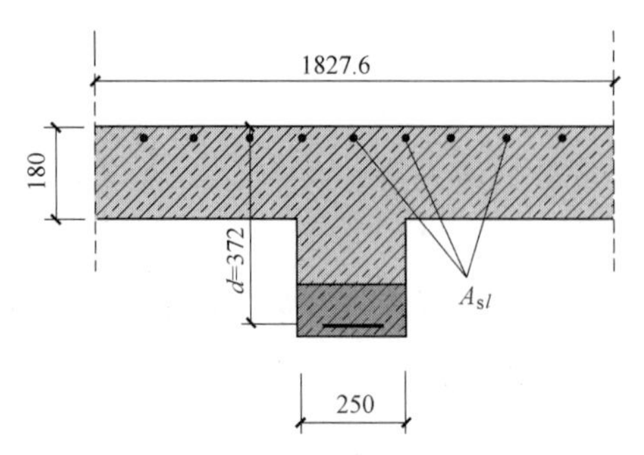

图 3.11　中间支座 B 的 T 形梁截面（单位：mm）

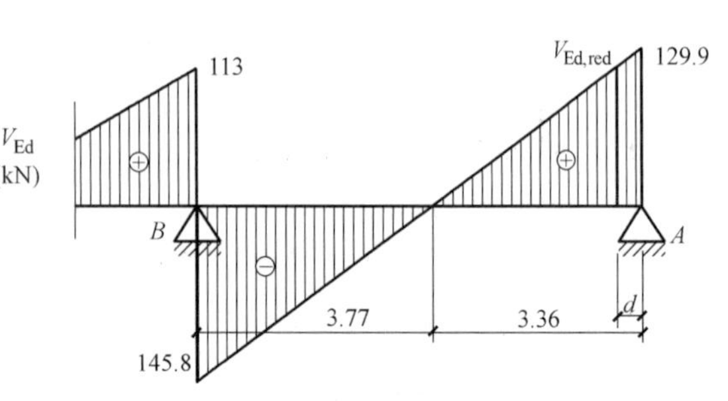

图 3.12　支座 A 处剪力的折减（尺寸单位：m）

$$\frac{129.9}{3.36}=\frac{V_{\text{Ed,red}}}{3.36-0.372}\Rightarrow V_{\text{Ed,red}}=115.52\text{kN}$$

根据欧洲规范 2 第 6.2.2 条，应首先验算所取截面不配置抗剪钢筋时是否满足 $V_{\text{Ed}}\leqslant V_{\text{Rd,c}}$。如果该式不成立，应配置抗剪钢筋。

$$V_{\text{Rd,c}}=\left[C_{\text{Rd,c}}k(100\rho_l f_{\text{ck}})^{\frac{1}{3}}\right]b_{\text{w}}d \tag{3.18}$$

其中

$$C_{\text{Rd,c}}=\frac{0.18}{\gamma_{\text{c}}}=\frac{0.18}{1.5}=0.12$$

$$k=1+\sqrt{\frac{200}{d}}=1+\sqrt{\frac{200}{372}}=1.73<2.0$$

$$\rho_l=\frac{A_{sl,\text{prov}}}{b_{\text{w}}d}=\frac{565}{250\times372}=0.0061=0.61\%<2\%$$

$$V_{\text{Rd,c}}=[0.12\times1.73\times(100\times0.0061\times25)^{\frac{1}{3}}]\times250\times372=47902\text{N}=47.90\text{kN}$$

$$V_{\text{Rd,c}}=47.90\text{kN}<V_{\text{Ed,red}}=115.52\text{kN}$$

需要配置抗剪钢筋。图 3.13 所示为梁箍筋屈服（$V_{\text{Rd,s}}$）和腹板压碎（$V_{\text{Rd,max}}$）时的抗剪模型。

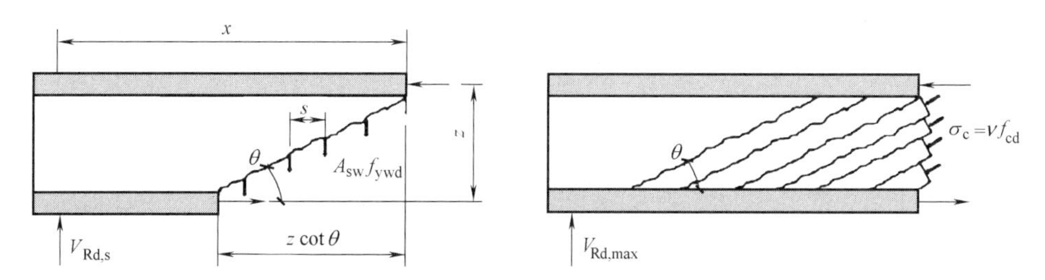

图 3.13　梁箍筋屈服和腹板压碎时的抗剪模型

梁抗剪钢筋屈服和腹板压碎时的剪力为：

$$V_{\text{Rd,s}}=\frac{A_{\text{sw}}}{s}zf_{\text{ywd}}\cot\theta \tag{3.19}$$

$$V_{\text{Rd,max}}=b_{\text{w}}z\nu f_{\text{cd}}\frac{1}{\cot\theta+\tan\theta} \tag{3.20}$$

式中　f_{ywd}——箍筋屈服时的设计值；

ν——应力场中混凝土压杆抗压强度折减系数，如图 3.13 的右图所示；

θ——斜压杆倾角，取值范围为 21.8°～45°（$1\leqslant\cot\theta\leqslant2.5$）。

根据已知的混凝土截面几何参数，可确定 T 形梁支座 A 处的最小抗剪钢筋用量：

$$V_{\text{Rd,s}}=V_{\text{Ed}}\Rightarrow\frac{A_{\text{sw}}}{s}=\frac{V_{\text{Ed}}}{zf_{\text{ywd}}\cot\theta}$$

$$a_{\text{sw}}=\frac{A_{\text{sw}}}{s}=\frac{115.52\times1000}{0.9\times0.372\times435\times2.5}=317\text{mm}^2/\text{m}$$

采用双肢箍筋：$\phi 6/175=339\text{mm}^2/\text{m}>317\text{mm}^2/\text{m}$，最小抗剪钢筋用量［欧洲规范 2 第 9.2.2（5）条］为：

$$a_{\text{sw,min}}=0.08\frac{\sqrt{f_{\text{ck}}}}{f_{\text{yk}}}b_{\text{w}}=0.08\times\frac{\sqrt{25}}{500}\times0.25=0.0002\text{m}^2=200\text{mm}^2$$

箍筋纵向最大间距［欧洲规范 2 第 9.3.2（4）条］为：

$$s_{l,\max}=0.75d(1+\cot\alpha),\alpha=90°$$

$$s_{l,\max}=0.75\times372=279\text{mm}>175\text{mm}$$

按腹板被压碎确定的最大抗剪承载力：

$$\nu=0.6\left(1-\frac{f_{\text{ck}}}{250}\right)=0.6\times\left(1-\frac{25}{250}\right)=0.54$$

从而：

$$V_{\text{Rd,max}}=0.25\times0.9\times0.372\times0.54\times\frac{25}{1.5}\times\frac{1}{2.5+0.4}=0.25976\text{MN}$$

$$=259.8\text{kN}>V_{\text{Ed,red}}=115.5\text{kN}$$

图 3.14 所示为支座 A 处箍筋的布置情况。

对于抗弯设计，按“移位规则”将弯矩 M_{Ed} 分布曲线向不利方向移动。不同于抗弯钢筋设计，抗剪设计向有利方向移动。如图 3.13 所示，距支座 x 处截面的剪力由 x 左侧 $z\cot\theta$ 距离内的箍筋承担。一个常用的方法是将剪力 V_{Ed} 分布曲线向有利方向（向支座方向）移动距离 $z\cot\theta$，在该段距离范围配置抗剪钢筋。

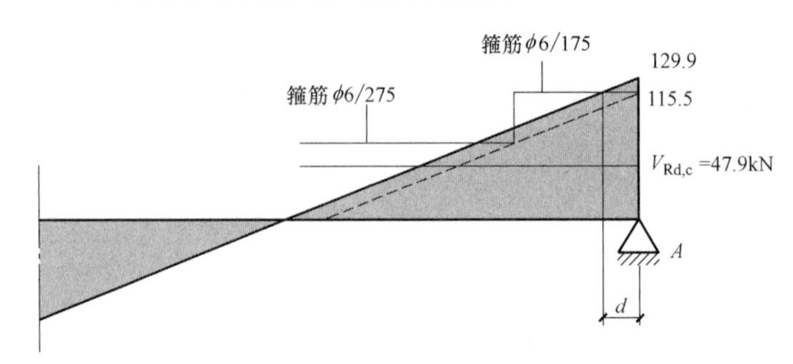

图 3.14　支座 A 处箍筋的配置

（2）T 形截面腹板与翼缘之间的剪力

根据欧洲规范 2 第 6.2.4 条，应验算 T 形梁界面剪力，如图 3.15 所示。

压杆角度定义为：

1）受压翼缘：$1.0\leqslant\cot\theta_{\text{f}}\leqslant2.0$（$45°\geqslant\theta_{\text{f}}\geqslant26.5°$）

2）受拉翼缘：$1.0\leqslant\cot\theta_{\text{f}}\leqslant1.25$（$45°\geqslant\theta_{\text{f}}\geqslant38.6°$）

如果界面剪应力满足下面的条件，不需配置横向受拉钢筋：

$$v_{\text{Ed}}=\frac{\Delta F_{\text{d}}}{h_{\text{f}}\Delta x}\leqslant kf_{\text{ctd}}\tag{3.21}$$

式中　ΔF_{d}——翼缘处轴力差；

f_{ctd}——混凝土抗拉强度设计值。

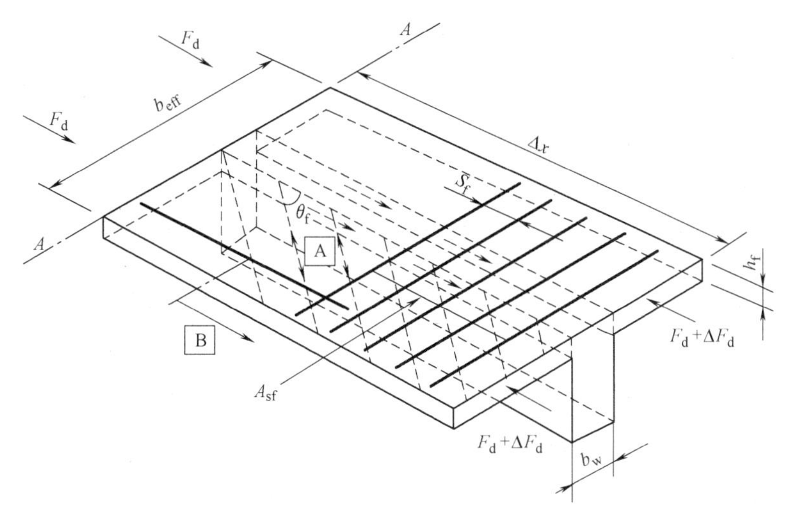

图 3.15 欧洲规范 2 中 T 形截面腹板和翼缘之间的剪力

系数 k 的建议值为 0.4。混凝土抗压强度设计值为：

$$f_{ctd}=\frac{\alpha_{ct}f_{ctk,0.05}}{\gamma_c} \tag{3.22}$$

式中 α_{ct}——考虑持续加载对混凝土抗拉强度影响和加载类型不利影响的系数，建议取 $\alpha_{ct}=1.0$。

对于 C25/C30 混凝土：

$$f_{ctk,0.05}=1.8\text{N/mm}^2,\quad f_{ctd}=1.0\times1.8/1.5=1.2\text{N/mm}^2$$

$\nu_{Ed}\leqslant0.4f_{ctd}$ 时，不需配置横向抗剪钢筋。

需对②轴线 T 形梁在支座 A 和 C 及内支座 B 的界面抗剪进行验算。所考虑的截面如图 3.16 和图 3.17 所示。

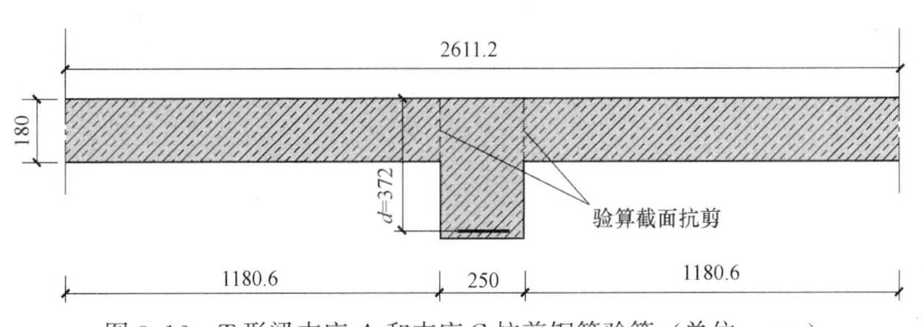

图 3.16 T 形梁支座 A 和支座 C 抗剪钢筋验算（单位：mm）

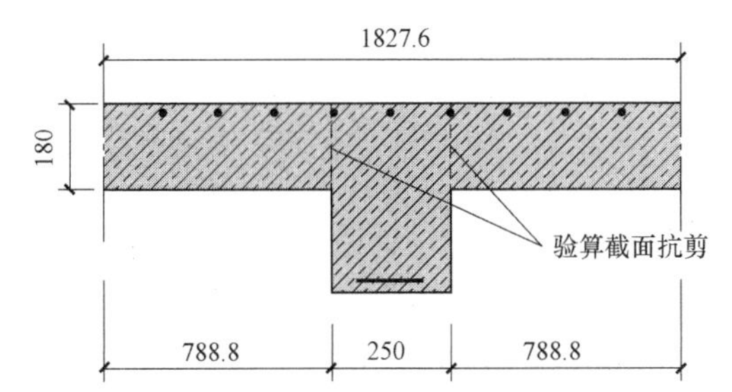

图 3.17 T 形梁支座 B 横向抗剪钢筋验算（单位：mm）

$$\nu_{Ed,A}=\frac{\frac{1}{2}(b_{eff}-b_{w})}{b_{eff}}\frac{V_{Ed,red,A}}{zh_{f}}=\frac{\frac{1}{2}\times(2611.2-250)}{2611.2}\times\frac{115520}{0.9\times372\times180}=0.87\text{N/mm}^2$$

$$\nu_{Ed,A}=0.87\text{N/mm}^2>0.4f_{ctd}=0.4\times1.2=0.48\text{N/mm}^2$$

支座 A 需配置横向抗剪钢筋。

验算支座 C 和内支座是否需要配置横向抗剪钢筋。由下式确定距支座 d 处的剪力。

$$\nu_{Ed,C}=\frac{\frac{1}{2}(b_{eff}-b_{w})}{b_{eff}}\frac{V_{Ed,red,c}}{zh_{f}}=\frac{\frac{1}{2}\times(2611.2-250)}{2611.2}\times\frac{89830}{0.9\times372\times180}=0.67\text{N/mm}^2$$

$$\nu_{Ed,C}=0.67\text{N/mm}^2>0.4f_{ctd}=0.4\times1.2=0.48\text{N/mm}^2$$

支座 C 需配置横向抗剪钢筋。

$$\nu_{Ed,B,left}=\frac{\frac{1}{2}(b_{eff}-b_{w})}{b_{eff}}\frac{V_{Ed,red,B,left}}{zh_{f}}=\frac{\frac{1}{2}\times(1827.6-250)}{1827.6}\times\frac{101830}{0.9\times372\times180}=0.73\text{N/mm}^2$$

$$\nu_{Ed,B,left}=0.73\text{kN/cm}^2>0.4f_{ctd}=0.4\times1.20=0.48\text{N/mm}^2$$

支座 $B_{左}$需配置横向抗剪钢筋。

$$\nu_{Ed,B,right}=\frac{\frac{1}{2}(b_{eff}-b_{w})}{b_{eff}}\frac{V_{Ed,red,B,right}}{zh_{f}}=\frac{\frac{1}{2}\times(1827.6-250)}{1827.6}\times\frac{131410}{0.9\times372\times180}=0.94\text{N/mm}^2$$

$$\nu_{Ed,B,right}=0.94\text{kN/cm}^2>0.4f_{ctd}=0.4\times1.20=0.48\text{N/mm}^2$$

支座 $B_{右}$需配横向抗剪钢筋。

图 3.18 和图 3.19 所示为②轴线梁需要配置横向抗剪钢筋的区域。

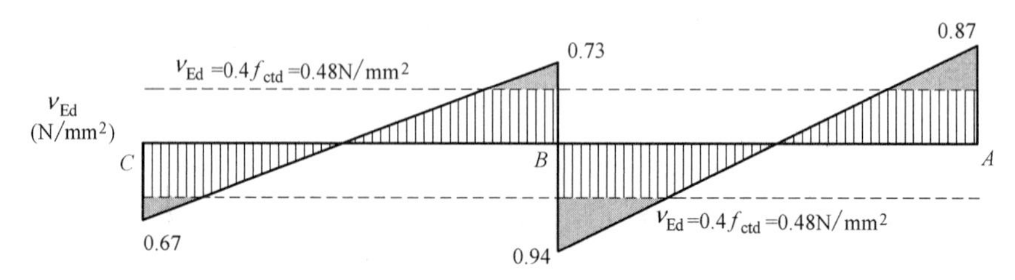

图 3.18 ②轴梁需要配置横向抗剪钢筋的范围

（3）横向配筋

支座 A：

$$\frac{A_{st}}{s}=\frac{\frac{1}{2}(b_{eff}-b_{w})}{b_{eff}}\frac{\nu_{Ed,red}}{zf_{yd}}\frac{1}{\cot\theta}\tag{3.23}$$

$$\frac{A_{st}}{s}=\frac{\frac{1}{2}\times(2611.2-250)}{2611.2}\times\frac{115520}{0.9\times372\times435}\times\frac{1}{2}=0.18\text{mm}^2/\text{mm}$$

抗剪钢筋采用：$\phi8/250\text{mm}=0.20\text{mm}^2/\text{mm}$。

支座 C：

$$\frac{A_{st}}{s}=\frac{\frac{1}{2}\times(2611.2-250)}{2611.2}\times\frac{89830}{0.9\times372\times435}\times\frac{1}{2.0}=0.14\text{mm}^2/\text{mm}$$

抗剪钢筋采用：$\phi8/250\text{mm}=0.20\text{mm}^2/\text{mm}$。

支座 B：

$$\frac{A_{st}}{s}=\frac{\frac{1}{2}\times(1827.6-250)}{1827.6}\times\frac{101830}{0.9\times372\times435}\times\frac{1}{2}=0.15\text{mm}^2/\text{mm}$$

$$\frac{A_{st}}{s}=\frac{\frac{1}{2}\times(1827.6-250)}{1827.6}\times\frac{131410}{0.9\times372\times435}\times\frac{1}{2}=0.19\text{mm}^2/\text{mm}$$

抗剪钢筋采用：$\phi8/250\text{mm}=0.20\text{mm}^2/\text{mm}$。

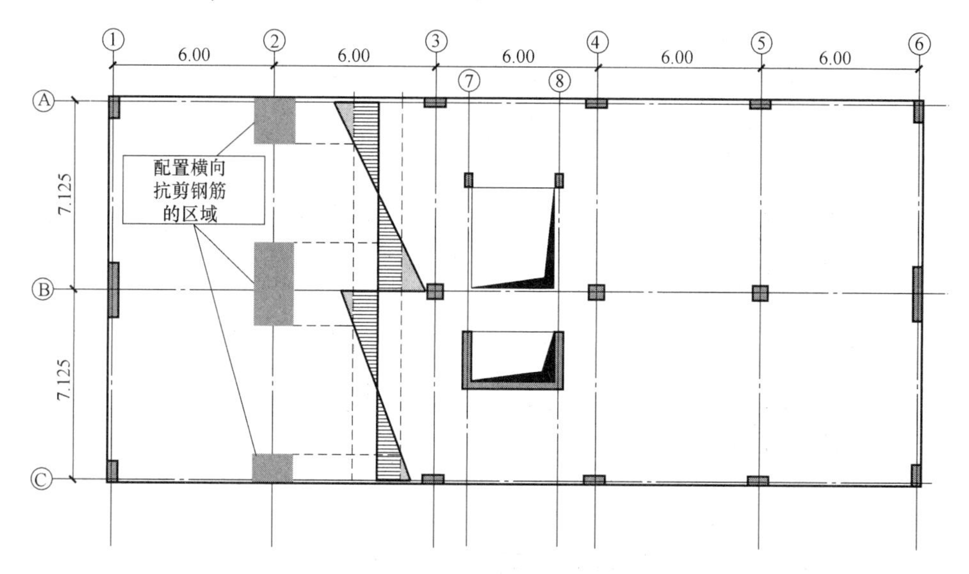

图3.19　②轴线梁需配置抗剪钢筋的范围（单位：m）

3.2.1.5　梁上板的设计

图3.20为假定的荷载从板向梁传递的方式，该图还给出了两个方向的板带。板上的荷载按面积进行分配，这取决于板的边界支承条件，以多大的角度传递到梁或承重墙上。假定的角度为：

（1）四边相等：45°。

（2）四边不等，固接：60°。

（3）四边不等，简支：45°。

厚度为180mm板的恒荷载 G_1 为 4.5kN/m^2。第1章已给出荷载 $G_2=3.0\text{kN/m}^2$ 和 $Q=2.0\text{kN/m}^2$。采用建议的 G 和 Q 的分项系数，则 G 和 Q 的设计值为

$$G_{Ed}=1.3\times(4.5+3.0)=9.75\text{kN/m}^2$$

$$Q_{Ed}=1.5\times2.0=3.0\text{kN/m}^2$$

$$L_{Ed}=9.75+3.0=12.75\text{kN/m}^2$$

板纵向配筋，最小配筋率为：

$$\rho_{l,\min}=0.26\frac{f_{ctm}}{f_{yk}} \tag{3.24}$$

采用C25/C30混凝土和B500钢筋时，$\rho_{l,\min}=0.26\times\frac{2.6}{500}=0.14\%$。梁上板的有效高度（见第1章）为 $d=143\text{mm}$。

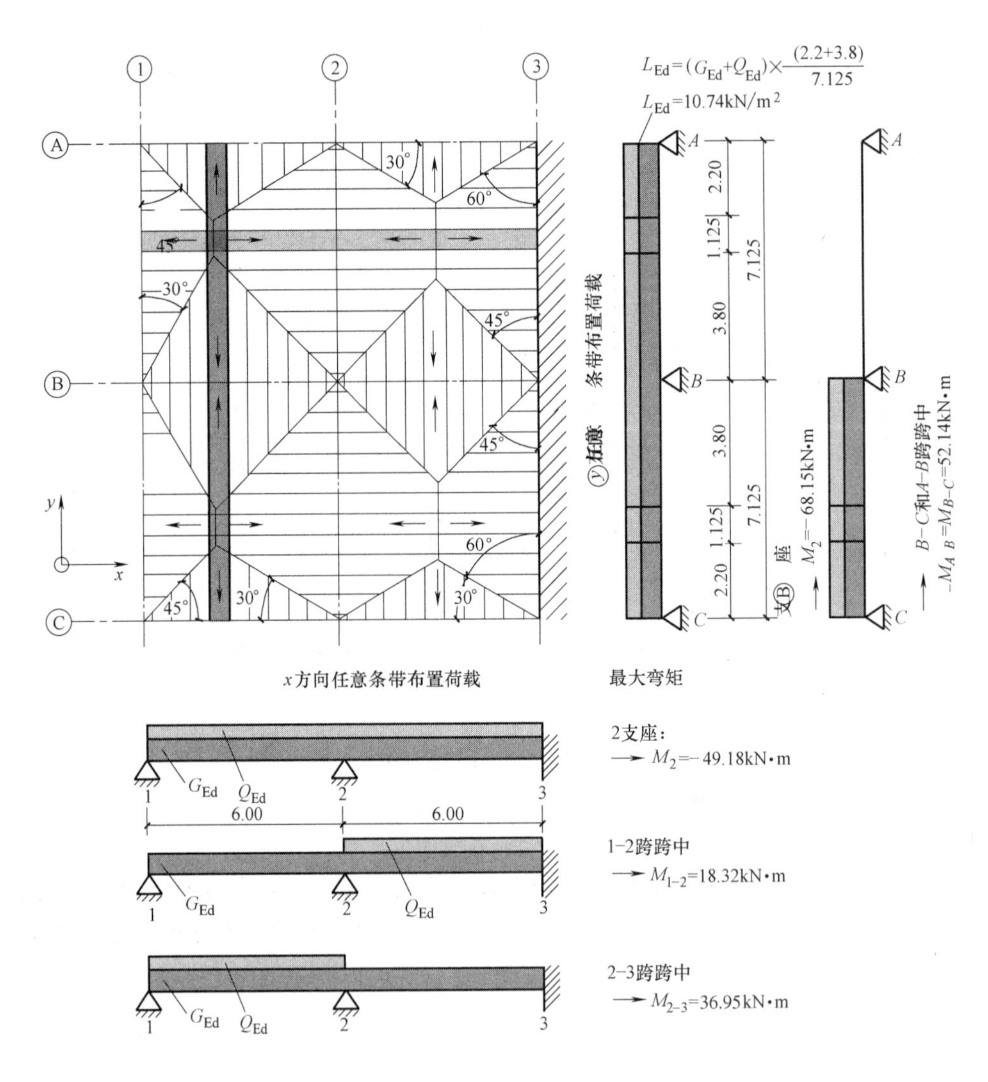

图3.20 荷载从板到梁的传递和计算模型（尺寸单位：m）

②轴线内支座X方向板的纵向钢筋面积：

$$K=\frac{M_{Ed}}{bd^2f_{cd}}=\frac{49.18\times10^6}{10^3\times143^2\times\frac{25}{1.5}}=0.144<0.295$$

$$\frac{z}{d}=0.5\times(1+\sqrt{1-2K})=0.5\times(1+\sqrt{1-2\times0.144})=0.922$$

$$A_{sl}=\frac{1}{435}\times\left(\frac{49.1\times10^{6}}{143\times0.922}\right)=856\text{mm}^{2}$$

配筋率：

$$\rho=\frac{A_{s}}{bd} \tag{3.25}$$

$$\rho=\frac{A_{s}}{bd}=\frac{856.36}{1000\times143}=0.60\%$$

①～②轴线跨中 X 方向板的纵向钢筋面积：

$$K=\frac{M_{Ed}}{bd^{2}f_{cd}}=\frac{18.32\times10^{6}}{10^{3}\times143^{2}\times\frac{25}{1.5}}=0.0538<0.295$$

$$\frac{z}{d}=0.5(1+\sqrt{1-2K})=0.5\times(1+\sqrt{1-2\times0.0538})=0.972$$

$$A_{sl}=\frac{1}{435}\times\left(\frac{18.32\times10^{6}}{143\times0.972}\right)=303\text{mm}^{2}$$

$$\rho=\frac{A_{s}}{bd}=\frac{303}{1000\times143}=0.21\%$$

轴②～③线跨中和③轴线上支座处在 X 方向板的纵向钢筋面积：

$$K=\frac{M_{Ed}}{bd^{2}f_{cd}}=\frac{36.95\times10^{6}}{10^{3}\times143^{2}\times\frac{25}{1.5}}=0.108<0.295$$

$$\frac{z}{d}=0.5\times(1+\sqrt{1-2K})=0.5\times(1+\sqrt{1-2\times0.108})=0.942$$

$$A_{sl}=\frac{1}{435}\times\left(\frac{36.95\times10^{6}}{143\times0.942}\right)=630\text{mm}^{2}$$

$$\rho=\frac{A_{s}}{bd}=\frac{630}{1000\times143}=0.44\%$$

Ⓑ轴线内支座 Y 方向板的纵向钢筋面积：

$$K=\frac{M_{Ed}}{bd^{2}f_{cd}}=\frac{68.15\times10^{6}}{10^{3}\times143^{2}\times\frac{25}{1.5}}=0.200<0.295$$

$$\frac{z}{d}=0.5\times(1+\sqrt{1-2K})=0.5\times(1+\sqrt{1-2\times0.200})=0.887$$

$$A_{sl}=\frac{1}{435}\times\left(\frac{68.15\times10^{6}}{143\times0.887}\right)=1235\text{mm}^{2}$$

$$\rho=\frac{A_s}{bd}=\frac{1235}{1000\times 143}=0.86\%$$

跨中 Y 方向板的纵向钢筋面积：

$$K=\frac{M_{Ed}}{bd^2 f_{cd}}=\frac{52.14\times 10^6}{10^3\times 143^2\times \frac{25}{1.5}}=0.153<0.295$$

$$\frac{z}{d}=0.5\times(1+\sqrt{1-2K})=0.5\times(1+\sqrt{1-2\times 0.153})=0.917$$

$$A_{sl}=\frac{1}{435}\times\left(\frac{52.14\times 10^6}{143\times 0.917}\right)=915\text{mm}^2$$

$$\rho=\frac{A_s}{bd}=\frac{915}{1000\times 143}=0.64\%$$

图 3.21 给出了板的计算配筋率，均大于最小配筋率。

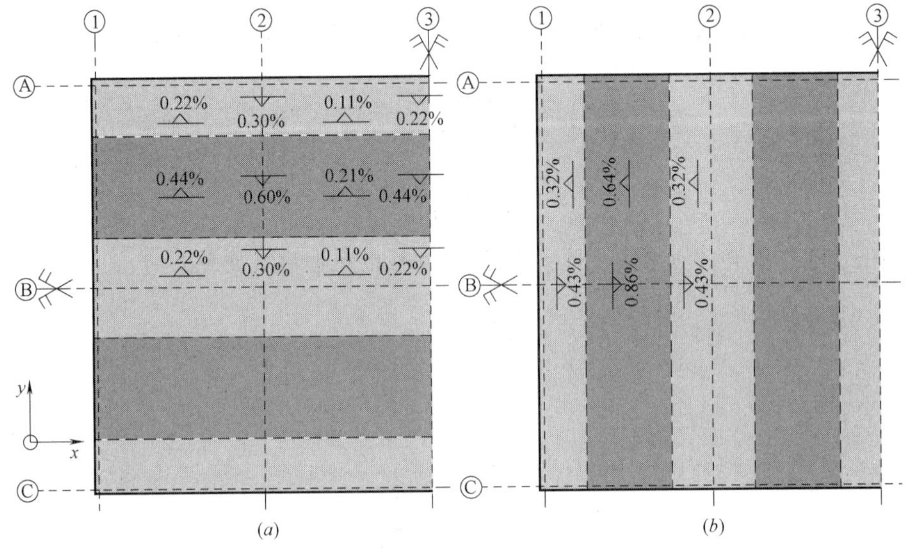

图 3.21 板的配筋率（一半对称板）

(a) X 方向的配筋率；(b) Y 方向的配筋率

3.2.2 平板

图 3.22 所示为 210mm 厚的平板。可选取穿过支承柱一定宽度的板带，局部配置较大配筋率的纵向钢筋。

图 3.22 有暗加强板带的平板

3.2.2.1　平板荷载和内力计算

$$G_{Ed}=1.3\times(5.25+3.0)=10.73\text{kN/m}^2$$

$$Q_{Ed}=1.5\times2.0=3.0\text{kN/m}^2$$

$$L_{Ed}=G_{Ed}+Q_{Ed}=13.73\text{kN/m}^2$$

根据前面对梁上板弯矩计算得到的系数 13.73/12.75=1.077，很容易求得平板的弯矩。Ⓑ轴和②轴暗梁的弯矩如图 3.23 所示。

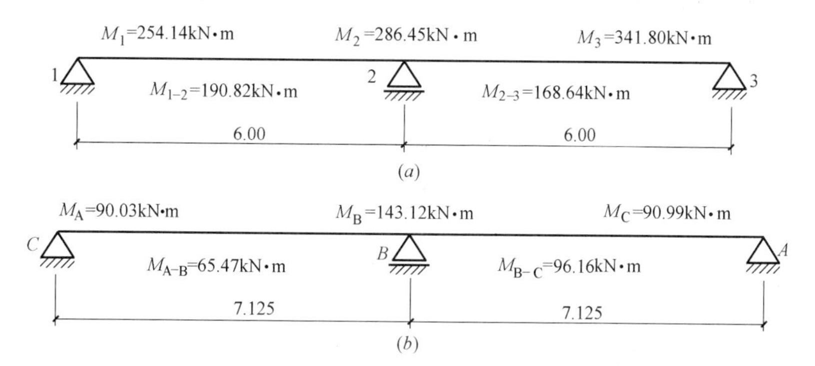

图 3.23　平板暗梁最大弯矩计算（尺寸单位：m）

（a）Ⓑ轴梁的弯矩；（b）②轴梁的弯矩

3.2.2.2　抗弯钢筋计算

平板暗梁纵向配筋：

第 1 章中假定平板的有效高度 $d=172\text{mm}$。②轴线内支座 X 方向板的纵向钢筋面积：

$$K=\frac{M_{Ed}}{bd^2f_{cd}}=\frac{286.45\times10^6}{3000\times172^2\times\frac{25}{1.5}}=0.194<0.295$$

$$\frac{z}{d}=0.5(1+\sqrt{1-2K})=0.5\times(1+\sqrt{1-2\times0.194})=0.891$$

$$A_{sl}=\frac{1}{435}\times\left(\frac{286.45\times10^6}{172\times0.891}\right)=4295\text{mm}^2$$

$$\rho=\frac{A_s}{bd}=\frac{4295}{3000\times172}=0.83\%$$

③轴线支座 X 方向板的纵向钢筋配筋率：

$$\frac{342}{286}=1.19,\quad \rho=1.19\times0.83\%=0.99\%$$

①轴线支座 X 方向板的纵向钢筋配筋率：

$$\frac{254}{286}=0.89,\quad \rho=0.89\times0.83\%=0.74\%$$

①～②轴线跨中 X 方向板的纵向钢筋配筋率：

$$\frac{191}{286}=0.67,\quad \rho=0.67\times0.83\%=0.56\%$$

②～③轴线跨中 X 方向板的纵向钢筋配筋率：

$$\frac{169}{286}=0.59,\quad \rho=0.59\times0.83\%=0.49\%$$

Ⓑ轴线内支座 Y 方向板的纵向钢筋配筋率：

$$K=\frac{M_{\mathrm{Ed}}}{bd^{2}f_{\mathrm{cd}}}=\frac{143.12\times10^{6}}{1500\times172^{2}\times\frac{25}{1.5}}=0.194<0.295$$

$$\frac{z}{d}=0.5(1+\sqrt{1-2K})=0.5\times(1+\sqrt{1-2\times0.194})=0.891$$

$$A_{sl}=\frac{1}{435}\times\left(\frac{143.12\times10^{6}}{172\times0.891}\right)$$

$$=2147\mathrm{mm}^{2}$$

$$\rho=\frac{A_{\mathrm{s}}}{bd}=\frac{2147}{1500\times172}=0.83\%$$

Ⓐ和Ⓒ轴线支座 Y 方向板的纵向钢筋配筋率：

$$\frac{91}{143}=0.64,\quad \rho=0.64\times0.83\%=0.53\%$$

Ⓐ～Ⓑ轴线跨中 Y 方向板的纵向钢筋配筋率：

$$\frac{96}{143}=0.67,\quad \rho=0.67\times0.83\%=0.56\%$$

Ⓑ～Ⓒ轴线跨中 Y 方向板的纵向钢筋配筋率：

$$\frac{65}{143}=0.46,\quad \rho=0.46\times0.83\%=0.38\%$$

图 3.24 给出了平板中暗梁的配筋率。

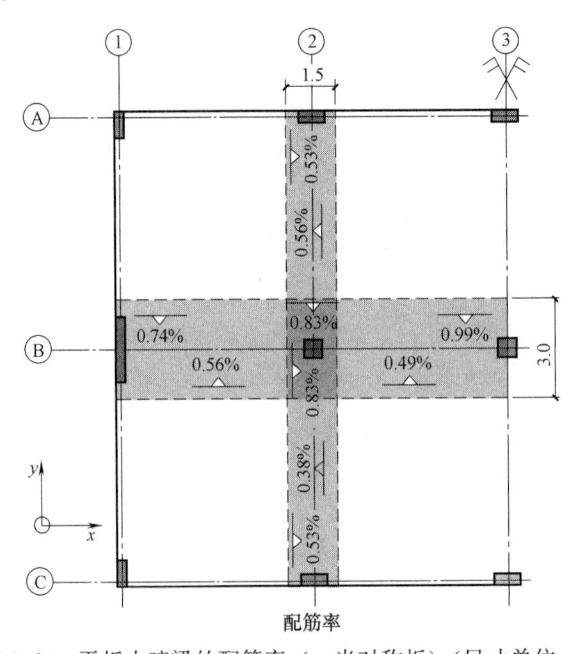

图 3.24　平板中暗梁的配筋率（一半对称板）（尺寸单位：m）

3.2.2.3　B2 柱抗冲切计算

图 3.25 所示为常见的板冲切破坏形式。

板柱连接处由板传到柱的承载能力极限状态竖向荷载为 $V_{\mathrm{Ed}}=705\mathrm{kN}$。

考虑到存在偏心距，可根据欧洲规范 2 第 6.4.3 条的简化规定确定系数 β。这种简化情况仅适用于横向稳定性并不取决于框架及相邻跨度相差不超过 25%的结构。β 的值如图 3.26 所示。本章取 $\beta=1.15$（内柱）。

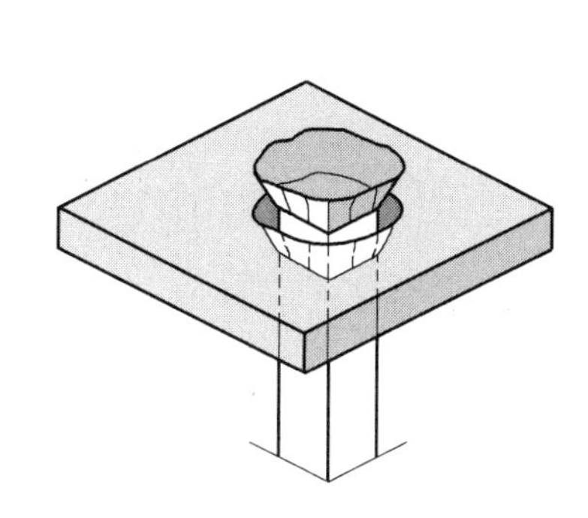

图 3.25　柱冲切破坏体

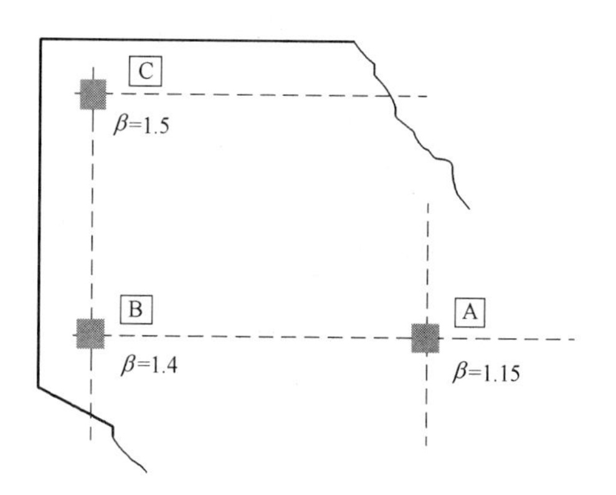

图 3.26　欧洲规范 2 中 β 的建议值

抗冲切应力上限值：

加载区周边的最大冲切应力应满足下式要求（欧洲规范 2 第 6.4.5 条）：

$$\nu_{\mathrm{Ed}}=\frac{\beta V_{\mathrm{Ed}}}{u_0 d}\leqslant \nu_{\mathrm{Rd,max}}=0.4\nu f_{\mathrm{cd}} \tag{3.26}$$

式中　u_0——加载区周长。

首先，需验算抗冲切承载力的上限值。

（1）有效高度

B2 柱的截面尺寸为 500mm×500mm。

双向钢筋的有效高度：

$$d_{\mathrm{y}}=210-30-\frac{16}{2}=172\mathrm{mm}$$

$$d_{\mathrm{z}}=210-30-16-\frac{16}{2}=156\mathrm{mm}$$

平均有效高度：

$$d=\frac{172+156}{2}=164\mathrm{mm}$$

$$\nu=0.6\left(1-\frac{f_{\mathrm{ck}}}{250}\right)=0.6\times\left(1-\frac{25}{250}\right)=0.54$$

（2）允许的最大冲切应力

$$\nu_{\mathrm{Rd,max}}=0.4\nu f_{\mathrm{ct}}=0.4\times0.54\times\frac{25}{1.5}=3.6\mathrm{N/mm^2}$$

$$\nu_{Ed}=\frac{\beta V_{Ed}}{u_0 d}=\frac{1.15\times705000}{4\times500\times164}=2.47\leqslant\nu_{Rd,max}=3.6\text{N/mm}^2$$

还需验算周长 u_1 上的剪应力 ν_{Ed}，其中：

$$\nu_{Ed}=\frac{\beta V_{Ed}}{u_1 d} \tag{3.27}$$

基本控制周长 u_1 取距加载区 $2.0d$ 的最小周长（图 3.27）。不同截面控制周长的定义如图 3.28 所示（欧洲规范 2 第 6.4.2 条）。

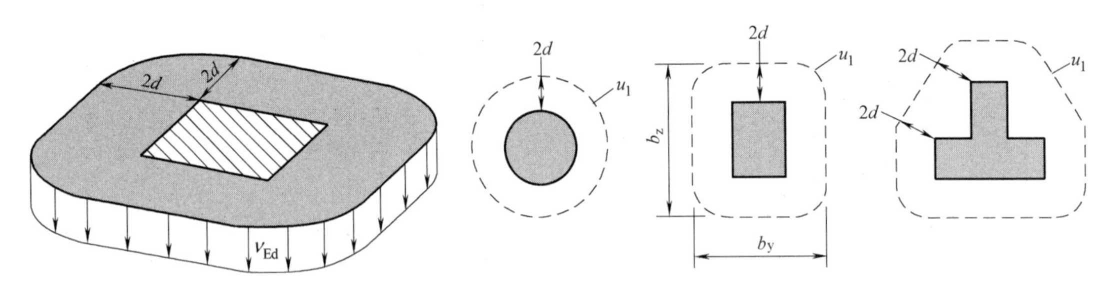

图 3.27　周边冲切应力

图 3.28　EC2 定义的控制周长

截面为 500mm×500mm 柱的控制周长为：

$$u_1=4\times500+2\pi\times2\times164=4061\text{mm}$$

$$\nu_{Ed}=\frac{1.15\times705000}{4061\times164}=1.22\text{N/mm}^2$$

若满足以下条件，则不需要配置抗冲切钢筋：

$$\nu_{Ed}\leqslant\nu_{Rd,c}$$

$$\nu_{Rd,c}=C_{Rd,c}k(100\rho_l f_{ck})^{\frac{1}{3}}\geqslant\nu_{min} \tag{3.28}$$

其中

$$C_{Rd,c}=\frac{0.18}{\gamma_c}=\frac{0.18}{1.5}=0.12$$

$$k=1+\sqrt{\frac{200}{d}}\leqslant2.0\quad k=1+\sqrt{\frac{200}{164}}=2.10>2.0\quad \text{取 } k=2.0$$

$$\rho_l=\sqrt{\rho_x\rho_y}\leqslant0.02\quad \rho_l=\sqrt{0.83\%\times0.83\%}=0.83\%$$

$$\nu_{Rd,c}=0.12\times2.0\times(100\times0.0083\times25)^{\frac{1}{3}}=0.66\text{N/mm}^2$$

$$\nu_{Rd,c}\geqslant\nu_{min}=0.035k^{\frac{3}{2}}f_{ck}^{\frac{1}{2}}=0.035\times2.0^{\frac{3}{2}}\times25^{\frac{1}{2}}=0.49\text{N/mm}^2$$

满足要求。

$$\nu_{Ed}=1.22\text{N/mm}^2>\nu_{Rd,c}=0.66\text{N/mm}^2$$

需要配置抗冲切钢筋。

（3）抗冲切钢筋计算和布置（图 3.29）

$$\nu_{Rd,s}=0.75\nu_{Rd,c}+1.5\left(\frac{d}{s_r}\right)A_{sw}f_{ywd,ef}\left(\frac{1}{u_1 d}\right)\sin\alpha \tag{3.29}$$

距离柱 1.5d 范围内的抗剪钢筋计算如下：

$$f_{ywd,ef}=250+0.25d=250+0.25\times164=291\text{N/mm}^2\leqslant f_{ywd}$$

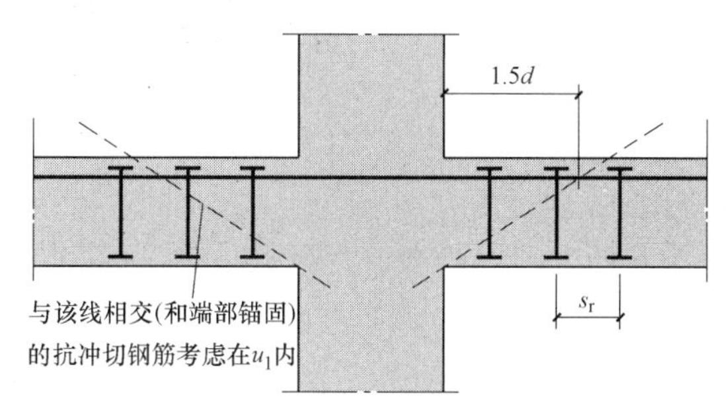

图 3.29　抗冲切钢筋

距加载区边缘 1.5d 范围内抗剪钢筋的贡献是确保为上部混凝土提供一定的连接锚固作用，假定混凝土抗冲切的贡献为无抗冲切钢筋时板承载力的 75%。

抗冲切钢筋周边之间的距离 s_r 不超过 0.75d，如图 3.30 所示。

$$s_r=0.75d=0.75\times164=123\text{mm}$$

$$\nu_{Rd,s}=\nu_{Ed}\Rightarrow A_{sw}=\frac{(\nu_{Ed}-0.75\nu_{Rd,c})u_1 s_r}{1.5f_{ywd,ef}}$$

每个周边钢筋的面积：

$$A_{sw}=\frac{(1.22-0.75\times0.66)\times4060.88\times123}{1.5\times291}=830\text{mm}^2$$

外周边（即图 3.30 的截面 B）长度：

$$u_{out}=\frac{\beta V_{Ed}}{\nu_{Rd,c}d} \tag{3.30}$$

$$u_{out}=\frac{1.15\times705000}{0.66\times164}=7490\text{mm}$$

外周边到柱边缘的距离：

$$a=\frac{(u_{out}-4h)}{2\pi}=\frac{7490.30-4\times500}{2\pi}=874\text{mm}=5.33d$$

最外层（图 3.30 的截面 A）抗冲切钢筋到外周边的距离不超过 kd。系数 k 的建议值为 $k=1.5$。因此，最外层抗冲切钢筋到柱边的距离为 5.33d－1.5d＝3.83d。

抗冲切钢筋的间距不应超过 0.75d＝0.75×164＝123mm（图 3.31）。

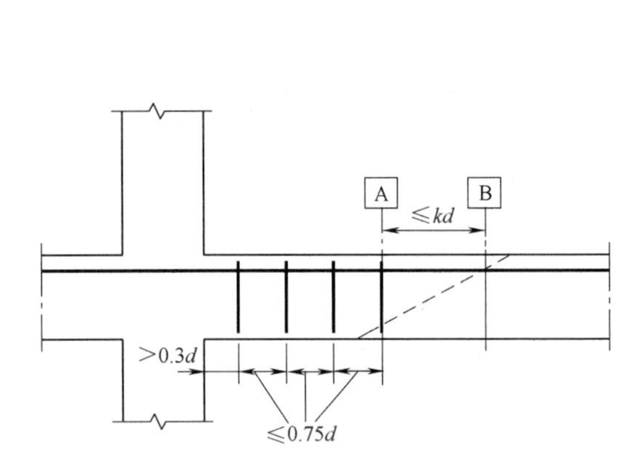

图 3.30 欧洲规范 2 中抗冲切钢筋的布置

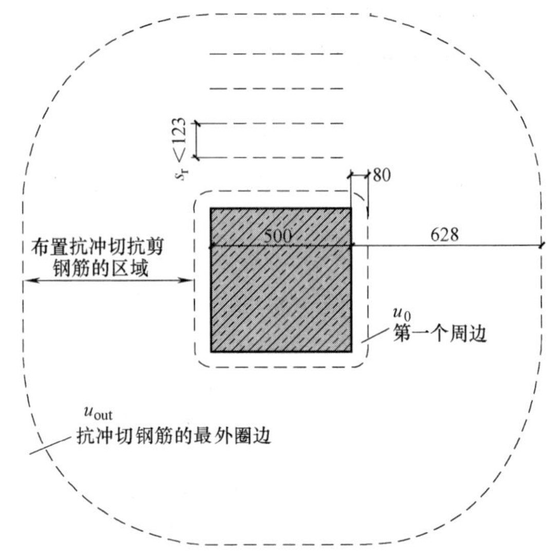

图 3.31 B2 柱上板的抗冲切设计（单位：mm）

3.2.2.4 B2 柱设计

（1）轴向荷载下的二阶效应

二阶效应的一般背景见欧洲规范 2 第 5.8.2 条、第 5.8.3.1 款和第 5.8.3.2 款。

1）如果二阶效应小于一阶效应的 10%，则可忽略二阶效应。

2）柱长细比定义为：

$$\lambda=\frac{l_0}{i}=\frac{l_0}{\sqrt{\dfrac{I}{A}}} \tag{3.31}$$

式中 l_0——柱的有效高度；

i——未开裂混凝土截面的回转半径；

I——绕所考虑轴的惯性矩；

A——柱截面面积。

对于矩形截面，$\lambda=3.46\dfrac{l_0}{h}$；对于圆形截面，$\lambda=4\dfrac{l_0}{h}$。

图 3.32 所示为欧洲规范 2 中各基本情况时的 l_0。

柱端转动弹簧［见图 3.32（f）和图 3.32（g）］的相对柔度按下式计算：

$$k=\frac{\theta}{M}\frac{EI}{l} \tag{3.32}$$

式中 θ——弯矩 M 作用下约束构件的转角；

EI——受压构件的抗弯刚度；

l——柱两个转动弹簧之间的距离。

无侧移框架和有侧移框架柱的有效高度（图 3.33）是不同的。对于无侧移框架：

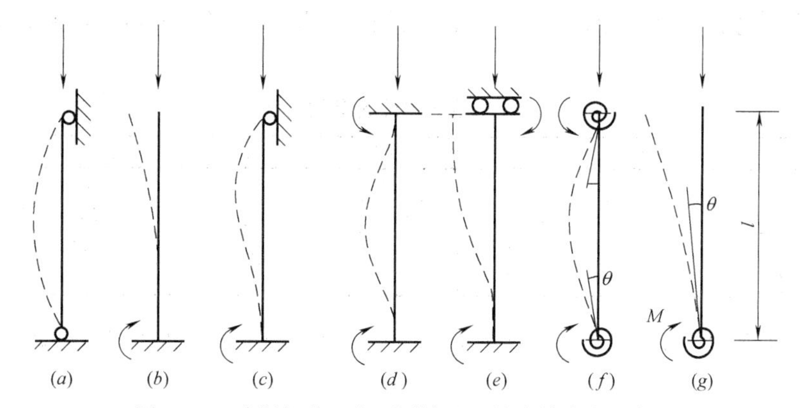

图 3.32　欧洲规范 2 中不同情况下柱有效高度的例子

(a) $l_0=l$；(b) $l_0=2l$；(c) $l_0=0.7l$；(d) $l_0=l/2$；(e) $l_0=l$；(f) $l/2<l_0<l$；(g) $l_0>2l$

$$l_0=0.5l\sqrt{\left(1+\frac{k_1}{0.45+k_1}\right)\left(1+\frac{k_2}{0.45+k_2}\right)} \tag{3.33}$$

对于有侧移框架，l_0 取下面两式计算结果的最大值：

$$l_0=l\sqrt{\left(1+10\frac{k_1\times k_2}{k_1+k_2}\right)}\text{ 和 }l_0=l\left(1+\frac{k_1}{1+k_1}\right)\left(1+\frac{k_2}{1+k_2}\right) \tag{3.34}$$

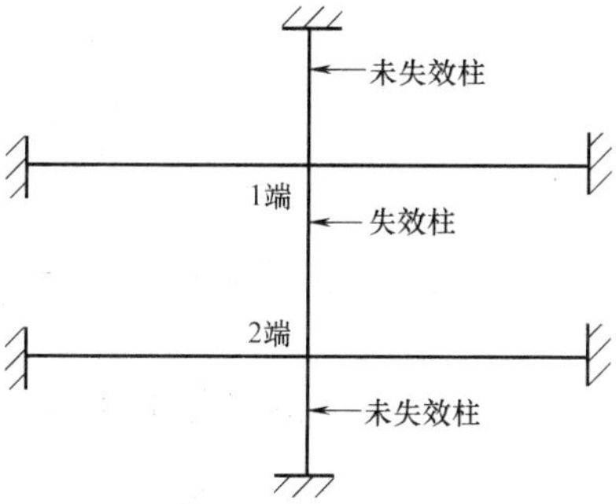

未失效柱
1端
失效柱
2端
未失效柱

图 3.33　柱有效高度的确定

式中　k_1、k_2——柱端弹簧的相对刚度；

l——柱端部约束之间的净高度。

根据欧洲规范 2 第 5.8 节和第 5.8.3.2 款，上述公式的基本假定是忽略了临近“未失效”柱对弹簧刚度的贡献（如果这一贡献是有利的，即增大了约束）。对于梁的 θ/M，可假定 $l/2EI$ 考虑了混凝土开裂导致梁刚度的损失。

假定梁关于柱是对称的，并且任意两层的尺寸是相同的，则可得到下式：

$$k_1=k_2=\frac{\left(\frac{EI}{l}\right)_{\text{column}}}{\left(\Sigma\frac{EI}{l}\right)_{\text{beams}}}=\frac{\left(\frac{EI}{l}\right)_{\text{column}}}{\left(\frac{2\times 2EI}{l}\right)_{\text{beams}}}=0.25\chi$$

其中

$$\chi=\frac{\left(\frac{EI}{l}\right)_{\text{column}}}{\left(\frac{EI}{l}\right)_{\text{beams}}}$$

表 3.2 根据 χ 给出了这种情况下柱的有效高度 l_0。

1）若长细比小于限值 λ_{lim}，则可忽略二阶效应。

2）双向受弯情况下，应计算 Y 方向的长细比。此时只需考虑超过限值 $\lambda_{\lim}$ 方向的二阶效应。

欧洲规范 2 中柱的有效高度 **表 3.2**

χ	0(固端)	0.25	0.5	1.00	2.00	∞(铰支)
$k_1=k_2$	0	0.0625	0.125	0.25	0.5	1.00
有支承柱 l_0	$0.50l$	$0.56l$	$0.61l$	$0.68l$	$0.76l$	$1.00l$
无支承柱 l_0	$1.00l$	$1.14l$	$1.27l$	$1.50l$	$1.87l$	∞
（两行中较大的值）	$1.00l$	$1.12l$	$1.13l$	$1.44l$	$1.78l$	∞

如果柱的长细比 $\lambda \geqslant \lambda_{\lim}$，则应考虑二阶效应。根据欧洲规范 2 第 5.8.3.1 款，$\lambda_{\lim}$ 为：

$$\lambda_{\lim}=\frac{20ABC}{\sqrt{n}} \tag{3.35}$$

其中

$$A=\frac{1}{1+0.2\varphi_{\mathrm{ef}}},B=\sqrt{1+2\omega},C=1.7-r_{\mathrm{m}},n=\frac{N_{\mathrm{Ed}}}{A_{\mathrm{c}}f_{\mathrm{cd}}}$$

式中 φ_{ef}——有效徐变系数，若未知则取 $A=0.7$；

ω——力学配筋率，$\omega=\dfrac{A_{\mathrm{s}}f_{\mathrm{yd}}}{A_{\mathrm{c}}f_{\mathrm{cd}}}$，若未知则取 $B=1.1$；

r_{m}——柱端弯矩的比值，$r_{\mathrm{m}}=\dfrac{M_{01}}{M_{02}}$，其中 $|M_{02}|\geqslant|M_{01}|$（图 3.34）。在某些特定情况下取 $r_{\mathrm{m}}=1.0$，则 $C=0.7$。

（2）B2 柱长细比 λ 的确定

如图 3.35 所示，首先确定柱端转动弹簧刚度。

对于柱，混凝土等级为 C30/C37，弹性模量 $E_{\mathrm{cm}}=33000\mathrm{MN/m^2}$；对于梁，混凝土等级为 C25/C30，$E_{\mathrm{cm}}=31000\mathrm{MN/m^2}$。

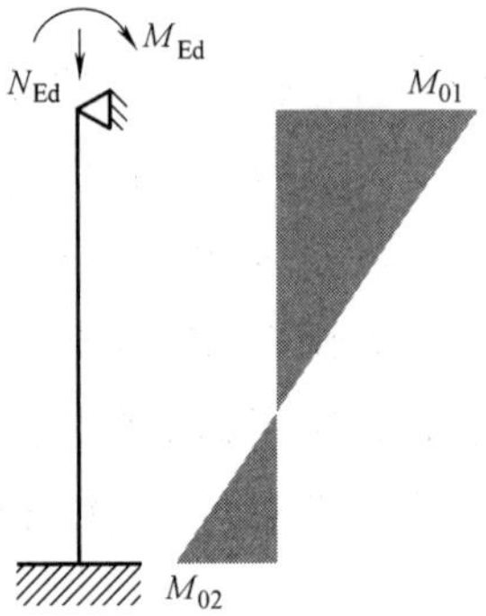

高为 4m 的 B2 柱的惯性矩为：

$$I_{\mathrm{column,B2}}=\frac{1}{12}\times0.5^4=0.0052\mathrm{m^4}$$

柱的弹簧刚度：

$$\frac{EI}{l}=\frac{33000\times0.0052}{4}=43.0\mathrm{MN\cdot m}$$

图 3.34 柱端弯矩

梁的弹簧刚度：

$$\frac{EI}{l}=\frac{31000\times\frac{1}{12}\times6\times0.21^3}{7.125}=20.15\mathrm{MN\cdot m}$$

$$k_1=k_2=\frac{\left(\frac{EI}{l}\right)_{\mathrm{column}}}{\left(\frac{2\times2\times EI}{l}\right)_{\mathrm{beams}}}=\frac{43.0}{2\times2\times20.15}=0.53$$

$$l_0=0.5l\sqrt{\left(1+\frac{k_1}{0.45+k_1}\right)\left(1+\frac{k_2}{0.45+k_2}\right)}=0.5\times4\times\sqrt{\left(1+\frac{0.53}{0.98}\right)^2}=3.1\text{m}$$

柱的实际长细比：

$$\lambda=\frac{3.46l_0}{h}=\frac{3.46\times3.1}{0.5}=22.5$$

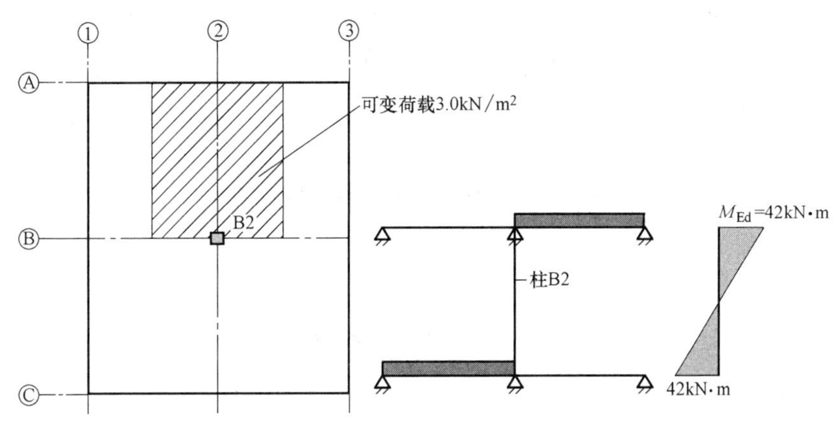

图 3.35　板上的可变荷载布置

（3）柱长细比限值

式（3.36）中取 $A=0.7$，$B=1.1$，$C=0.7$；第 2 章中求得的轴力为 $N_{Ed}=4384\text{kN}$，弯矩 $M_{Ed}=42\text{kN}\cdot\text{m}$，从而

$$n=\frac{N_{Ed}}{A_cf_{cd}}=\frac{4384000}{500^2\times\dfrac{30}{1.5}}=0.88$$

因此

$$\lambda_{\lim}=\frac{20\times0.7\times11\times0.7}{\sqrt{0.88}}=11.5\Rightarrow\lambda=22.5>\lambda_{\lim}=11.5$$

柱的实际长细比大于长细比限值，因此需要考虑二阶效应。

（4）一般方法：基于名义曲率的方法

$$M_{tot}=N_{Ed}(e_0+e_i+e_2) \tag{3.36}$$

一般情况下，两个柱端一阶偏心距（图 3.36）e_{01} 和 e_{02} 是不同的。柱端等效偏心距 e_0 定义为：

$$e_0=0.6e_{02}+0.4e_{01}\geqslant0.4e_{02} \tag{3.37}$$

如果偏心距 e_{01} 与 e_{02} 同号，如图 3.36（*a*）所示，两者同号；否则，两者异号。同时假定 $|e_{02}|\geqslant|e_{01}|$。

根据欧洲规范 2 第 5.2（7）节，由缺陷产生的偏心距为：

$$e_i=\theta_i\frac{l_0}{2} \tag{3.38}$$

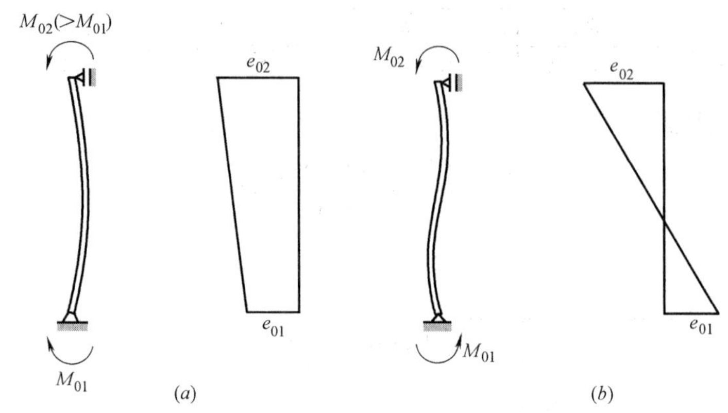

图 3.36 一阶偏心距 e_{01} 和 e_{02} 的影响

其中

$$\theta_i=\theta_0\alpha_h\alpha_m,\theta_0=\frac{1}{200}[\mathrm{rad}],\alpha_h=\frac{2}{\sqrt{l}},\alpha_m=\sqrt{0.5\left(1+\frac{1}{m}\right)}$$

式中 l_0——柱的有效高度；

θ_0——θ_i 的基本值；

α_h——高度折减系数，$\frac{2}{3}\leqslant\alpha_h\leqslant1$；

α_m——结构构件数量折减系数；

l——柱高度；

m——考虑总影响的竖向构件数量。

二阶偏心距 e_2 按下式计算：

$$e_2=K_\varphi K_r\frac{{l_0}^2}{\pi^2}\frac{\varepsilon_{yd}}{0.45d} \tag{3.39}$$

其中

$$K_\varphi=1+\left(0.35+\frac{f_{ck}}{200}-\frac{\lambda}{150}\right)\varphi_{ef}\geqslant1.0,\quad K_r=\frac{n_{ud}-n_{Ed}}{n_{ud}-n_{bal}}\leqslant1.0,\quad \varphi_{ef}=\left(\frac{M_{0Eqp}}{M_{0Ed}}\right)\varphi_{\infty,t}$$

式中 $\varphi_{\infty,t}$——徐变系数终极值，$\varphi_{\infty,t}=2$ 或 3；

$\frac{M_{0Eqp}}{M_{0Ed}}$——准永久荷载与设计组合荷载产生的一阶弯矩的比值。

（5）考虑二阶效应的弯矩

$$e_0=\frac{M_{Ed}}{N_{Ed}}=\frac{42}{4384}=0.010\mathrm{m}=10\mathrm{mm}$$

e_0 取 {$l_0/20$，$b/20$ 或 20mm} 中的最大值。e_0 的最大值为：

$$e_0=\frac{b}{20}=\frac{500}{20}=25\mathrm{mm}$$

$$\theta_0=\frac{1}{200},\alpha_h=\frac{2}{\sqrt{4}}=1,\alpha_m=\sqrt{0.5\times\left(1+\frac{1}{1}\right)}=1\Rightarrow\theta_0=\frac{1}{200}\times1\times1=0.005$$

$$e_i=0.005\times\frac{4000}{2}=10\text{mm},\varphi_{ef}=\frac{0.3\times2}{1.5\times2}\times2=0.4$$

$$K_\varphi=1+\left(0.35+\frac{30}{200}-\frac{22.1}{150}\right)\times0.4=1.14$$

$$n_{ud}=1+\frac{\rho f_{yd}}{f_{cd}}=1+\frac{0.03\times435}{20}=1.65$$

其中配筋率取为 $\rho=0.03$。

$$n_{Ed}=\frac{N_{Ed}}{A_c f_{cd}}=\frac{4384000}{500^2\times20}=0.88$$

对于 C50/C60 以下的混凝土，$n_{bal}=0.4$，所以

$$K_r=\frac{1.65-0.88}{1.65-0.4}=0.62$$

$$\varepsilon_{yd}=\frac{f_{yd}}{E_s}=\frac{\frac{500}{1.15}}{200000}=2.17\times10^{-3}$$

$$e_2=1.14\times0.62\times\frac{3200^2}{\pi^2}\times\frac{2.17\times10^{-3}}{0.25\times454}=14\text{mm}$$

$$M_{tot}=4384\times(25+10+14)\times10^{-3}=214.82\text{kN}\cdot\text{m}$$

（6）柱配筋

采用钢筋混凝土矩形对称截面的弯矩-轴力相关曲线对柱进行配筋。弯矩-轴力相关曲线适用于 $f_{yk}=500\text{N/mm}^2$ 的钢筋。

$$\mu_{Ed}=\frac{M_{Ed}}{bh^2 f_{cd}},\quad \nu_{Ed}=\frac{N_{Ed}}{bhf_{cd}} \tag{3.40}$$

其中当 N_{Ed} 为压力时取负号。

由式（3.40）求得 μ_{Ed} 和 ν_{Ed} 后，由下式计算钢筋总面积：

$$A_{s,tot}=A_{s1}+A_{s2}=\omega_{tot}\frac{bh}{\frac{f_{yd}}{f_{cd}}} \tag{3.41}$$

$$\mu_{Ed}=\frac{214.82\times10^6}{500^3\times\frac{30}{1.5}}=0.086,\quad \nu_{Ed}=\frac{-4384\times10^3}{500^2\times\frac{30}{1.5}}=-0.877$$

$$\frac{d_1}{h}=\frac{46}{500}=0.092\approx0.10\Rightarrow\omega_{tot}=0.20$$

因此可采用 $d_1/h=0.10$ 的曲线（图 3.37）。

$$A_{s,tot}=A_{s1}+A_{s2}=0.20\times\frac{500^2}{\frac{435}{20}}=2299\text{mm}^2$$

采用 $8\phi20=2513\text{mm}^2$。

最大和最小钢筋面积为：

$$A_{s,min}=\frac{0.10N_{Ed}}{f_{yd}}=\frac{0.10\times4384000}{\frac{500}{1.15}}=1008\text{mm}^2$$

$$A_{s,max}=0.04A_c=0.04\times500^2=10000\text{mm}^2$$

按最不利方向确定柱的钢筋。另一方向的弯矩略小（图 3.37）。因此，不需再进行计算，也选用 8ϕ20。钢筋布置如图 3.38 所示。

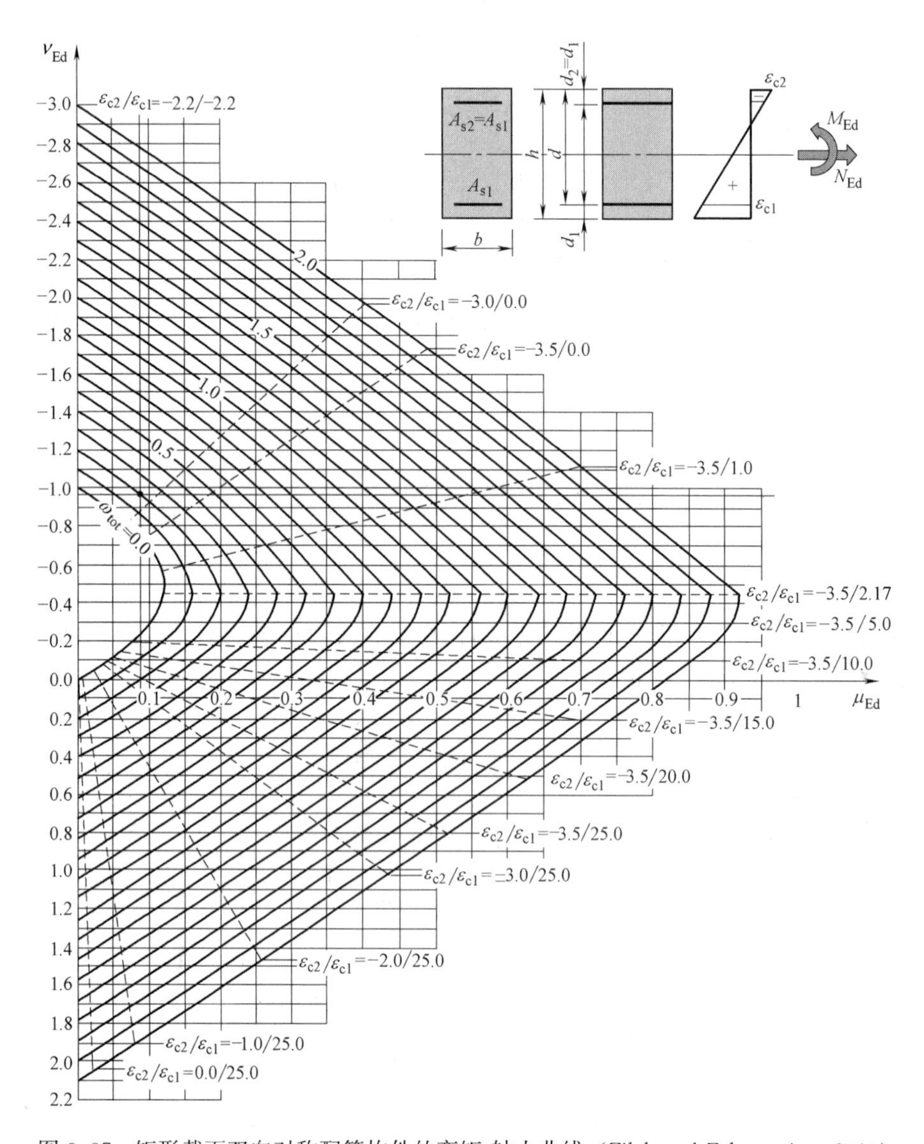

图 3.37　矩形截面双向对称配筋构件的弯矩-轴力曲线（Zilch and Zehetmaier，2010）

3.2.2.5　剪力墙设计

结构的稳定性由两片剪力墙（位于B1和B6轴线的两端）和B7、B8轴线中间的核心筒保证（图 3.3）。剪力墙的尺寸如图 3.39 所示。

剪力墙 1 和剪力墙 2 对平行于整体坐标系 X 轴的形心轴的惯性矩为：

$$I_x=(0.25\times2.0^3)/12=0.167\text{m}^4$$

核心筒的惯性矩为：

$$I=0.497\text{m}^4$$

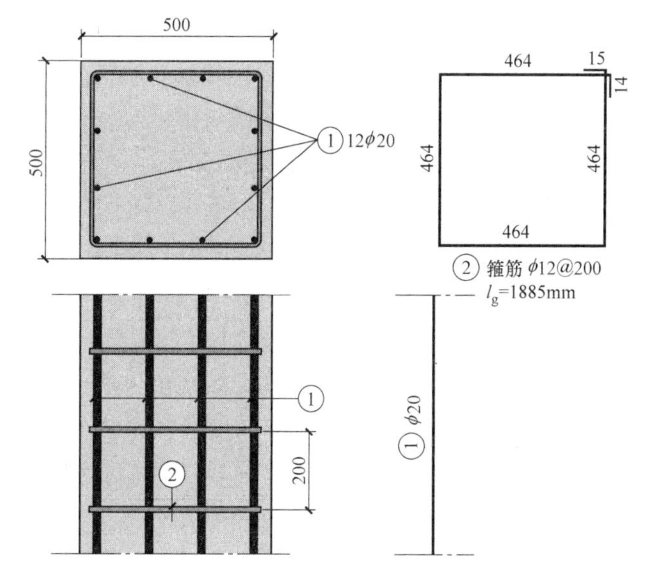

图 3.38　B2 柱的钢筋布置（尺寸单位：mm）

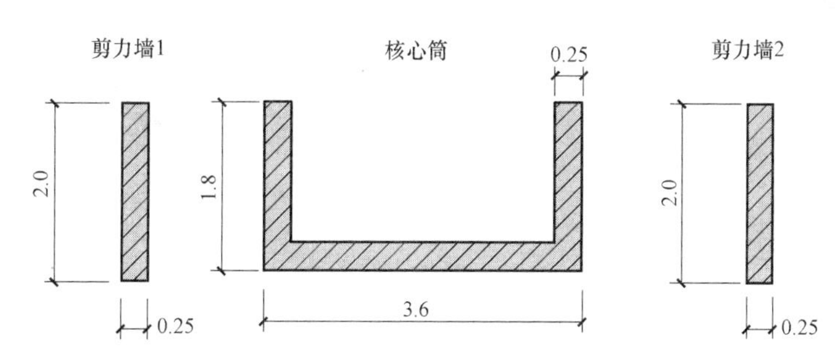

图 3.39　剪力墙和核心筒的尺寸（单位：m）

剪力墙 1 对整体刚度的贡献：

$$\frac{0.167}{2\times0.167+0.497}=0.20(20\%)$$

（1）二阶效应

根据欧洲规范 2 第 5.8.2（6）条的规定，如果二阶效应小于一阶效应的 10%，则可忽略二阶效应。或者，根据欧洲规范 2 第 5.8.3.3 款，对于无显著剪切变形的有支承结构，若满足下式，则可忽略二阶效应：

$$F_{V,Ed}\leqslant k_1\frac{n_s}{n_s+1.6}\frac{\sum E_{cd}I_c}{L^2}\tag{3.42}$$

式中　$F_{V,Ed}$——总竖向荷载（有支承和无支承构件）；

n_s——楼层数；

L——基础以上的结构总高度；

E_{cd}——混凝土弹性模量设计值，按下式计算：

$$E_{cd}=E_{cm}/\lambda_{cE},\lambda_{cE}=1.2$$

I_c——稳定构件的惯性矩。

若截面开裂，则系数 k_1 的建议值取 $k_1=0.31$；若截面未开裂，则系数 k_1 增大一倍。对于剪力墙，采用下面的荷载效应（见第 2 章）进行计算：最大弯矩 $M_y=66.59\text{kN}\cdot\text{m}$ 及相应的轴力 $N=-2392.6\text{kN}$。

$$\sigma_N=\frac{N}{A}=\frac{-2.392}{2\times0.25}=4.78\text{MN/m}^2$$

$$\sigma_M=\frac{M}{W}=\frac{-0.06659}{0.1667}=0.40<4.78\text{MN/m}^2$$

其中 $W=bh^2/6=(0.25\times2.0^2)/6=0.1667\text{m}^3$。由于剪力墙未开裂，故根据 EC2 第 5.8.3.3（2）款的规定，取 $k_1=2\times0.31=0.62$。

（2）结构整体二阶效应

假定 6 层结构剪力墙的总惯性矩为 $I_c=2\times0.167+0.497=0.83\text{m}^4$，根据欧洲规范 2 第 5.8.3.3 款的规定得到：

$$F_{V,Ed}\leqslant0.62\times\frac{6}{6+1.6}\times\frac{\frac{33\times10^6}{1.2}\times0.83}{19^2}=30961\text{kN}$$

假定 30%的可变荷载为准永久荷载，每层的单位面积荷载为 $q_{Ed}=9.75+0.3\times2\times1.5=10.65\text{kN/m}^2$。每层荷载作用的总面积为 $30\times14.25=427.5\text{m}^2$，则每层的总荷载为 $10.65\times427.5=4553\text{kN}$。对于 6 层的结构，$F_{V,Ed}$ 粗略计算为：

$$F_{V,Ed}=4553\times6=27318\text{kN}<30961\text{kN}$$

满足忽略二阶效应的条件。

可忽略外剪力墙对结构 X 方向整体稳定的贡献，但需考虑中心位置的 C 形核心筒。C 形核心筒截面绕 Y 方向的惯性矩为 $I_y=(1.8\times3.6^3-1.55\times3.10^3)/12=3.15\text{m}^4$。采用 k_1 的最不利值 $k_1=0.31$，则 $0.31\times3.15=0.98>(0.62\times0.83)=0.51$。因此，$X$ 方向上也满足忽略二阶效应的条件。

（3）采用弯矩增大系数验算

另一种确定是否考虑二阶效应的方法是验算弯矩增大系数（欧洲规范 2 第 5.8.7.3 款）。简化公式为：

$$M_{Ed}=\frac{M_{0Ed}}{1-\frac{N_{Ed}}{N_B}}=fM_{0Ed} \tag{3.43}$$

式中　f——弯矩增大系数，$f=\dfrac{1}{1-\dfrac{N_{Ed}}{N_B}}$；

　　N_B——欧拉屈曲轴力，$N_B=\dfrac{\pi^2EI}{(1.12l)^2}$。

N_{Ed} 为总轴力，$F_{V,Ed}=27318\text{kN}$。为满足 $f\leqslant1.1$，应有：

$$\frac{N_{Ed}}{N_B}\leqslant0.091 \tag{3.44}$$

代入上述关系得：

$$l\sqrt{\frac{F_{\mathrm{V,Ed}}}{EI}} \leqslant 0.85 \tag{3.45}$$

$$\frac{19}{10^3} \times \sqrt{\frac{27318}{\frac{33}{1.2} \times 0.83}} = 0.66 < 0.85$$

由于满足式（3.44），因此截面未开裂的假定是正确的。按最小 $A_{\mathrm{sv,min}}$ 配置钢筋。

3.2.3　嵌有照明灯的板

图 3.40 所示为嵌有照明灯板的平面图。Ⓐ、Ⓑ和Ⓒ轴线梁的横向间距为板的跨度（梁在Ⓐ、Ⓑ和Ⓒ轴线上，板支承在梁上）。嵌有照明灯板的截面如图 3.41 所示。

截面上部混凝土板的厚度为 50mm，截面的中间高度布置少量横向钢筋。混凝土板上表面浇筑发泡或聚苯乙烯混凝土，这样可以嵌入供暖管道和电线管道，混凝土板下喷射黏土粉刷层（图 3.41）。由于这些保护层的存在，可以采用较小的混凝土保护层厚度（主要由粘结性能控制），通常按 X2-X3 考虑的环境等级此处也不再适用。

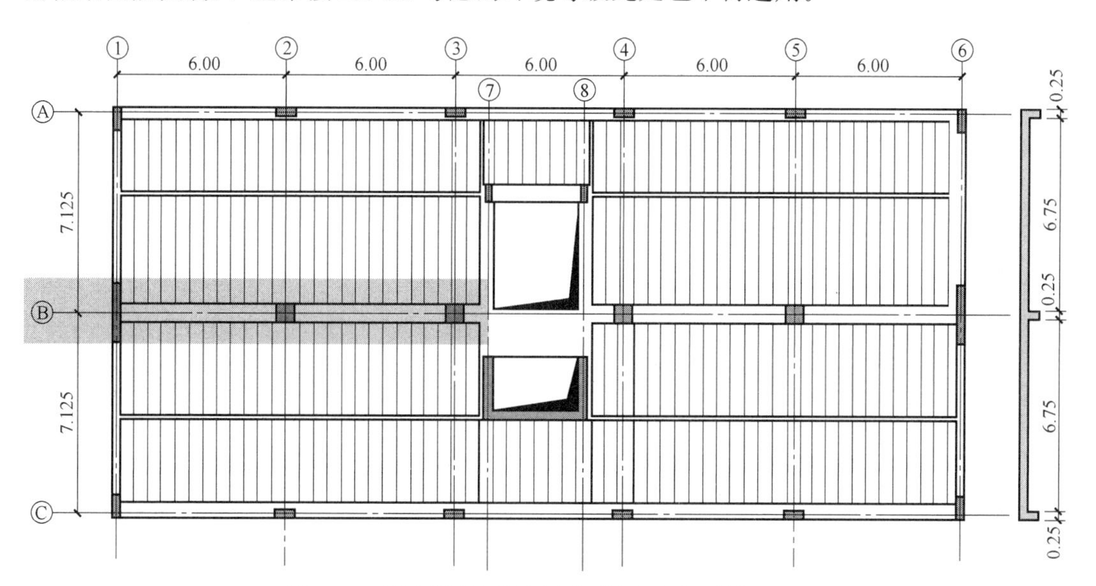

图 3.40　嵌有照明灯混凝土板的平面图（单位：m）

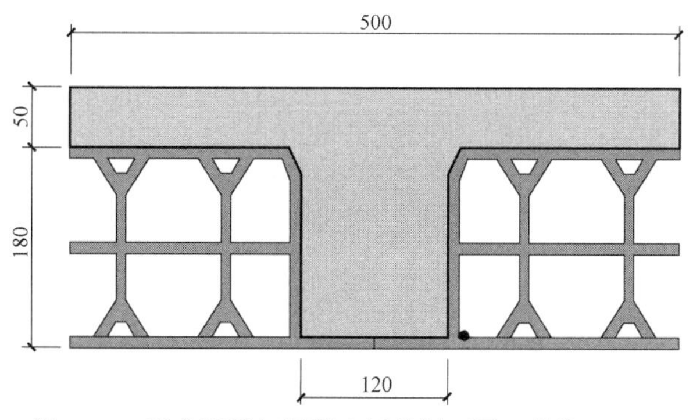

图 3.41　嵌有照明灯混凝土板的剖面图（单位：mm）

3.2.3.1　Ⓑ轴线梁的抗弯钢筋

（1）跨中

跨中和内支座Ⓑ轴线和②轴线相交处的弯矩设计值分别为 $M_{\mathrm{E,d}}=177.2\mathrm{kN\cdot m}$ 和 $M_{\mathrm{E,d}}=266\mathrm{kN\cdot m}$。

跨中有效宽度 b_{eff} 为（EC2 第 5.3.2.1 款）：

$$b_{\mathrm{eff}}=\sum b_{\mathrm{eff},i}+b_{\mathrm{w}}$$

其中 $b_{\mathrm{eff},i}=0.2b_i+0.1l_0$。

由于 $l_0=0.85l_1=0.85\times6000=5100\mathrm{mm}$，$b_{\mathrm{w}}=250\mathrm{mm}$ 和 $b_i=7125/2=3562\mathrm{mm}$，得到 $b_{\mathrm{eff}}=2695\mathrm{mm}$。

跨中最大弯矩为 $M_{\mathrm{Ed}}=177.2\mathrm{kN\cdot m}$，所以

$$\frac{M_{\mathrm{Ed}}}{bd^2f_{\mathrm{cd}}}=\frac{177.2\times10^6}{2695\times375^2\times16.7}=0.0287$$

由图 3.9 的曲线得 $z=0.98d=367\mathrm{mm}$。抗拉钢筋的面积为：

$$A_{sl}=\frac{M_{\mathrm{Ed}}}{zf_{\mathrm{yd}}}=\frac{177.2\times10^6}{0.98\times375\times435}=1108\mathrm{mm}^2$$

配置 $4\phi20=1256\mathrm{mm}^2>1108\mathrm{mm}^2$，满足要求。

梁跨中剖面和嵌有照明灯肋板的剖面见图 3.42。

（2）内支座

内支座 B-2 的有效宽度：

$$b_{\mathrm{eff}}=\sum b_{\mathrm{eff},i}+b_{\mathrm{w}}$$

其中 $b_{\mathrm{eff},i}=0.2b_i+0.1l_0$。

此时

$$l_0=0.15(l_1+l_2)=0.15\times(6000+6000)=1800\mathrm{mm}$$

因此

$$b_{\mathrm{eff}}=0.2\times3562+0.1\times1800=892\mathrm{mm}$$

有效宽度：

$$b_{\mathrm{eff}}=2\times892+250=2034\mathrm{mm}$$

首先确定是否需要配置抗压钢筋。K 的值为：

$$K=\frac{M_{\mathrm{Ed}}}{bd^2f_{\mathrm{cd}}}=\frac{266\times10^6}{250\times375^2\times16.7}=0.45>0.295$$

因此需要配置抗压钢筋，钢筋面积 A_{sc} 由下式计算：

$$A_{\mathrm{sc}}=\frac{(K-K_{\mathrm{bal}})f_{\mathrm{cd}}bd^2}{f_{\mathrm{yd}}(d-d')} \tag{3.46}$$

式中　$d-d'$——抗压钢筋和抗拉钢筋间的距离。

$$A_{\mathrm{sc}}=\frac{(0.45-0.295)\times16.7\times250\times375^2}{435\times(375-30)}=605\mathrm{mm}^2$$

抗拉钢筋面积：

$$A_{\mathrm{st}}=\frac{K_{\mathrm{bal}}f_{\mathrm{cd}}bd^2}{f_{\mathrm{yd}}z_{\mathrm{bal}}}+A_{\mathrm{cs}} \tag{3.47}$$

$$A_{\mathrm{st}}=\frac{0.295\times16.7\times250\times375^2}{435\times0.82\times375}+605=1899\mathrm{mm}^2$$

这些钢筋配置在有效宽度 $b_{\text{eff}}=2035\text{mm}$ 范围内。采用 10ϕ16，钢筋面积 $10\times201=2010\text{mm}^2$，满足要求，即钢筋可以布置在有效宽度内。

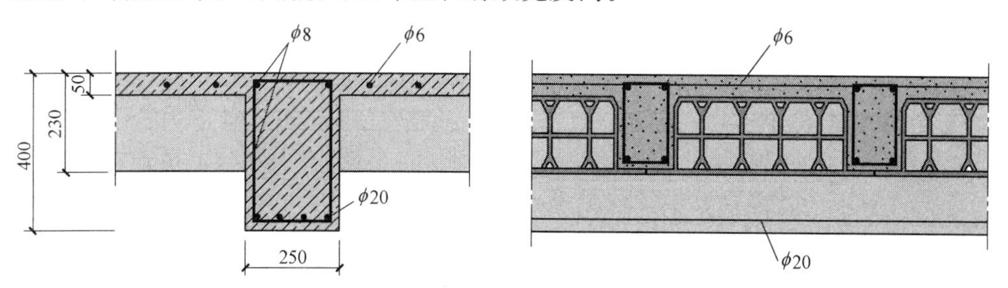

图 3.42　Ⓑ轴线承重梁跨中 2 的剖面（左）和相邻 B 承重梁嵌有照明灯板的剖面（右）（单位：mm）

3.2.3.2　嵌有照明灯板的抗弯钢筋

楼板断面如图 3.41 所示。板上均布永久荷载 $G_1=2.33\text{kN/m}^2$ 和 $G_2=3.0\text{kN/m}^2$，可变荷载为 2.0kN/m^2。设计荷载为：

$$Q_{\text{Ed}}=1.3\times(2.33+3.0)+1.5\times2.0=9.93\text{kN/m}^2$$

内支座（B）板单位宽度的弯矩为 $M_{\text{Ed}}=63.0\text{kN}\cdot\text{m/m}$，跨中弯矩为 $M_{\text{Ed}}=39.2\text{kN}\cdot\text{m/m}$（图 3.43）。

（1）跨中

$$K=\frac{M_{\text{Ed}}}{bd^2f_{\text{cd}}}=\frac{39.2\times10^6}{1000\times197^2\times16.7}=0.065<0.295$$

内力臂为 $z=0.97d=0.97\times197=191\text{mm}$，抗弯钢筋面积为：

$$A_{sl}=\frac{M_{\text{Ed}}}{zf_{\text{yd}}}=\frac{39.2\times10^6}{191\times435}=472\text{mm}^2/\text{m}$$

每一板肋的钢筋面积为 $472/2=236\text{mm}^2$，或采用 2ϕ12，面积为 226mm^2（因为无弯矩重分布，允许 4%的误差）。

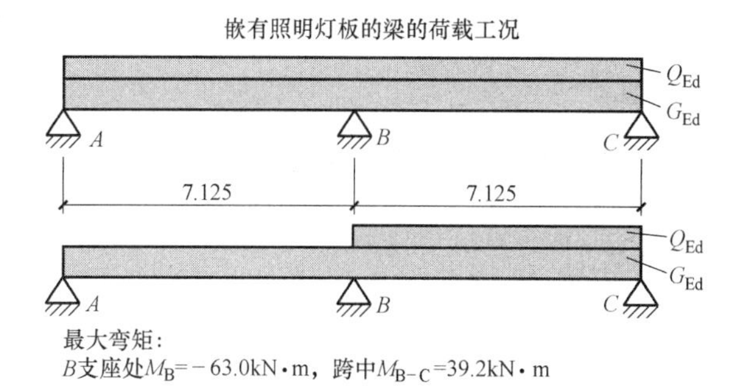

图 3.43　均布荷载下嵌有照明灯板的梁内支座和跨中弯矩设计值(单位：m)

（2）内支座

根据欧洲规范 2 第 5.3.2.2（4）款，由于支座会有一定的转动约束，考虑到支座有效宽度上的反向分布力，可减小理论弯矩值。

支座反力设计值：

$$F_{\text{Ed,sup}}=1.25\times9.93\times7.125=88.5\text{kN/m}$$

弯矩减小值：

$$\Delta M_{\mathrm{Ed}}=F_{\mathrm{Ed,sup}}t/8=88.5\times0.25/8=2.76\mathrm{kN\cdot m/m}$$

因此设计弯矩为：

$$M_{\mathrm{Ed}}=63.0-2.76=60.2\mathrm{kN\cdot m/m}$$

首先判断是否需要配置受压钢筋：

$$K=\frac{M_{\mathrm{Ed}}}{bd^2f_{\mathrm{cd}}}=\frac{60.2\times10^6}{240\times190^2\times16.7}=0.417>0.295$$

因此需要配置受压钢筋：

$$A_{\mathrm{sc}}=\frac{(K-K_{\mathrm{bal}})f_{\mathrm{cd}}bd^2}{f_{\mathrm{yd}}(d-d')}=\frac{(0.417-0.295)\times16.7\times240\times190^2}{435\times(190-30)}=253\mathrm{mm}^2$$

每个肋的钢筋面积为 253/2=127mm^2，采用 2ϕ10，面积为 156mm^2。

受拉钢筋：

$$A_{\mathrm{st}}=\frac{K_{\mathrm{bal}}f_{\mathrm{cd}}bd^2}{f_{\mathrm{yd}}z_{\mathrm{bal}}}+A_{\mathrm{sc}}=\frac{0.295\times16.7\times240\times190^2}{435\times0.82\times190}+253=882\mathrm{mm}^2$$

每个肋的钢筋为 882/2=441mm^2，采用 2ϕ18，面积为 508mm^2。由于有横向钢筋，这些钢筋只能布置在肋宽范围内，无法布置在上部厚度为 50mm 的薄板内（见下文）。

（3）嵌有照明灯板的抗弯钢筋

图 3.41 中，肋间上部 50mm 厚板的净跨为 380mm。单位面积上的设计荷载为：

$$Q_{\mathrm{Ed}}=1.3\times(1.2+3)+1.5\times2=8.5\mathrm{kN/m^2}$$

固定端支座的弯矩设计值：

$$M_{\mathrm{Ed}}=\frac{1}{12}l^2Q_{\mathrm{Ed}}=\frac{1}{12}\times0.38^2\times8.5=0.10\mathrm{kN\cdot m/m}$$

$$K=\frac{M_{\mathrm{Ed}}}{bd^2f_{\mathrm{cd}}}=\frac{0.1\times10^6}{1000\times25^2\times16.7}=0.01$$

因此，内力臂为 $z=0.99d=0.99\times25=24.7$mm，纵向钢筋面积为：

$$A_{sl}=\frac{M_{\mathrm{Ed}}}{zf_{\mathrm{yd}}}=\frac{0.1\times10^6}{24.7\times435}=9\mathrm{mm^2/m}$$

采用 ϕ6@200 的正交钢筋网，分布在板的中高度。

3.2.3.3 受剪承载力

（1）Ⓑ轴线梁

Ⓑ轴线承重梁靠近内支座（②轴线）处的最大剪力为 $V_{\mathrm{Ed}}=270.73$kN（见第 2 章）。距支座 d 控制截面的剪力降低为 $V_{\mathrm{Ed,red}}=240$kN。如果该值大于 $V_{\mathrm{Rd,c}}$［式（3.18）］，则需计算确定需要的抗剪钢筋面积。此时

$$k=1+\sqrt{\frac{200}{d}}=1+\sqrt{\frac{200}{360}}=1.74$$

$$\rho_l=\frac{A_{sl}}{bd}=\frac{2010}{250\times360}=0.022\approx0.02$$

$$V_{Rd,c}=0.12\times1.74\times(100\times0.02\times16.7)^{1/3}\times250\times360\times10^{-3}=69\text{kN}$$

$V_{Rd,c}$ 小于剪力设计值 240kN，需要配置抗剪钢筋。假定裂缝倾角 $\cot\theta=2.5$，根据式（3.20）得：

$$V_{Rd,s}=V_{Ed}\Rightarrow\frac{A_{sw}}{s}=\frac{V_{Ed}}{zf_{ywd}\cot\theta}$$

$$a_{sw}=\frac{A_{sw}}{s}=\frac{240\times1000}{0.82\times375\times435\times2.5}=0.72\text{mm}^2/\text{mm}$$

选用箍筋 $\phi10/175$（$0.89\text{mm}^2/\text{mm}$），满足要求。

（2）嵌有照明灯板的支承肋

肋的最大剪力可按图 3.44 确定。距支承梁边缘 d 处的剪力 $V_{Ed,red}$ 为：

$$\frac{44.2}{4.45}=\frac{V_{Ed,red}}{(4.45-0.19-0.125)}\Rightarrow V_{Ed,red}=41.1\text{kN}$$

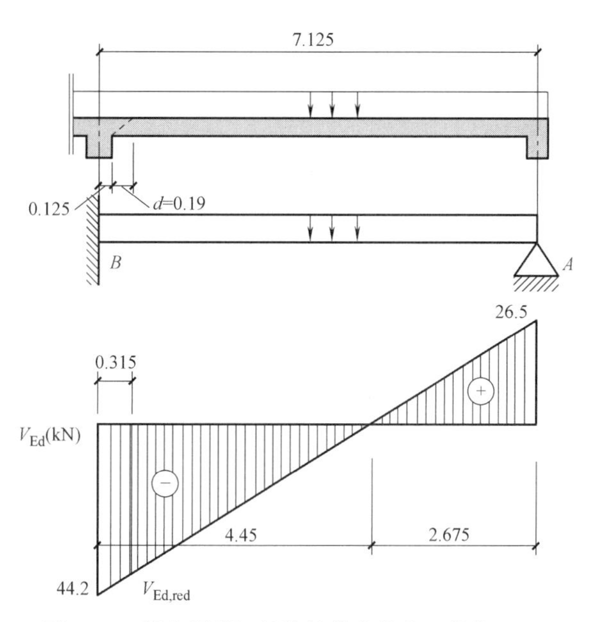

图 3.44　嵌有照明灯板肋的剪力分布（单位：m）

板的受剪承载力：

$$V_{Rd,c}=[C_{Rd,c}k(100\rho_l f_{ck})^{1/3}]b_w d$$

其中

$$C_{Rd,c}=\frac{0.18}{\gamma_c}=\frac{0.18}{1.5}=0.12$$

$$k=1+\sqrt{\frac{200}{190}}=2.02>2.0\text{ 取 }k=2.0$$

代入数值得：

$$V_{Rd,c}=[0.12\times2.0\times(100\times0.02\times25)^{1/3}]\times240\times190\times10^{-3}=40.2\text{kN}$$

$$V_{Rd,c}=40.2\text{kN}<V_{Ed,red}\approx41.1\text{kN}$$

$V_{Rd,c}$ 比剪力设计值小2%，可忽略不计。为将嵌有照明灯的板视为常规的板，根据欧洲规范2第5.3.1（6）条（横向肋净距不大于板总厚度的10倍）的规定，距离取为10×230=2300mm。一个横肋时的距离为7.125/2=3.56m>2.30m，两个横肋时的距离为7.125/3=2.38m≈2.30m，因此设置两个横肋比较合适。

（3）嵌有照明灯的板

固定端剪应力设计值为 $\nu_{Ed}=(0.190\times8460)/(1000\times25)=0.06\text{N/mm}^2$，远小于 $v_{Rd,c}$。

3.3 正常使用极限状态

3.3.1 正常使用极限状态的挠度

挠度控制方法：

（1）计算；

（2）查表。

3.3.1.1 通过计算控制挠度

根据欧洲规范2第7.4.2条的规定，当跨度小于7.5m时，不需作进一步验算。

当 $\rho\leqslant\rho_0$ 时

$$\frac{l}{d}=K\left[11+1.5\sqrt{f_{ck}}\frac{\rho_0}{\rho}+3.2\sqrt{f_{ck}}\left(\frac{\rho_0}{\rho}-1\right)^{3/2}\right] \tag{3.48}$$

当 $\rho>\rho_0$ 时

$$\frac{l}{d}=K\left[11+1.5\sqrt{f_{ck}}\frac{\rho_0}{\rho-\rho'}+\frac{1}{12}\sqrt{f_{ck}}\sqrt{\frac{\rho'}{\rho}}\right] \tag{3.49}$$

式中 l/d——跨高比限值；

K——考虑不同结构体系的系数；

ρ_0——基准配筋率，$\rho_0=\sqrt{f_{ck}}\times10^{-3}$；

ρ——跨中受弯（悬臂梁支承处）时受拉钢筋的配筋率；

ρ'——跨中受弯（悬臂梁支承处）时受压钢筋的配筋率。

图3.45给出了 $K=1$ 时上述两式的计算结果。

式（3.48）和式（3.49）是基于多个不同假定（加载龄期、拆模时间、温度、湿度、徐变效应）得到的，是一种保守方法。系数 K 取决于结构的受力情况，如图3.46所示。

上述公式是按跨中钢筋应力为 $\sigma_s=310\text{N/mm}^2$ 推导得出的，σ_s 应按准永久荷载组合确定。如果采用其他的应力或钢筋面积大于最小配筋面积，使用式（3.48）和式（3.49）得到的值应乘以下面的系数：

$$\frac{310}{\sigma_s}=\frac{500}{\dfrac{f_{yk}A_{s,req}}{A_{s,prov}}} \tag{3.50}$$

对于跨度大于7m的情况，欧洲规范2第7.4.2条的规定如下：

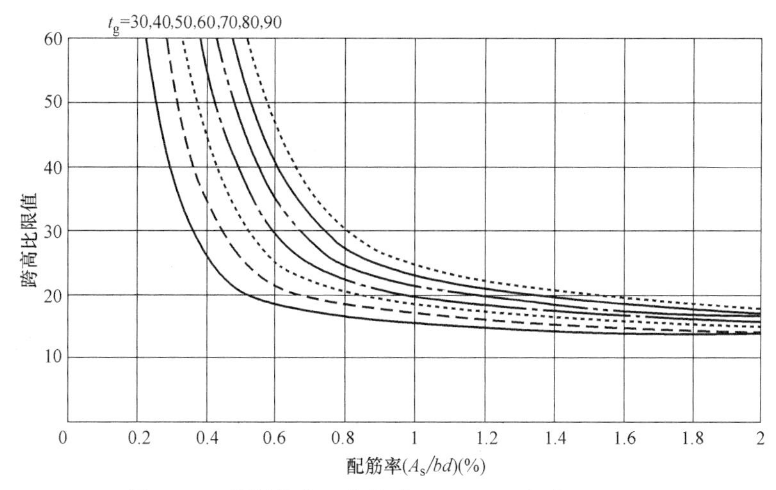

图 3.45　欧洲规范 2 中的式（7.16*a*）和式（7.16*b*）

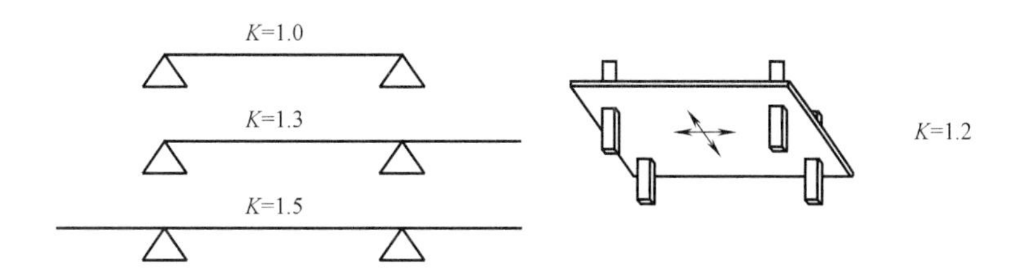

图 3.46　取决于受力情况的系数 *K*

（1）对于跨度大于 7m 的梁和板（不包括平板），变形过大会损坏隔墙，按欧洲规范 2 式（7.16）计算的 l/d 应乘以 $7/l_{eff}$（l_{eff} 的单位：m）。

（2）对于跨度大于 8.5m 的平板和变形过大可能会损坏隔墙的板，按欧洲规范 2 式（7.16）计算的 l/d 应乘以 $8.5/l_{eff}$（l_{eff} 的单位：m）。

3.3.1.2　*K* 的表格和基本跨高比 *l/d*

对跨中分别采用较大（$\rho=1.5\%$）和较小（$\rho=0.5\%$）纵向钢筋配筋率的情况，表 3.3 给出了不同结构体系 *K* 的值（欧洲规范 2 的式（7.16））和跨高比限值 l/d。这些值是针对 C30/C37 混凝土和钢筋应力 $\sigma_s=310\text{N/mm}^2$ 情况的，满足欧洲规范 2 第 7.4.1（4）和（5）条对挠度的限值。

l/d 的值　　　　**表 3.3**

结构体系	*K*	l/d	
		ρ=1.5%	ρ=0.5%
简支板/梁	1.0	14	20
边跨	1.3	18	26
中跨	1.5	20	30
平板	1.2	17	24
悬臂梁	0.4	6	8

3.3.1.3　支承在梁上的板

对于承载能力极限状态设计，近似假定荷载按图 3.20 所示的方式传递到支承梁上，这时抗弯钢筋按图3.21布置。对于挠度控制，①轴线和②轴线间视为配筋率为0.44%的板带［图3.21（a），从左到右］。对于双向板，应按较短的跨（$l=6.00$m）及相关配筋进行计算。

根据欧洲规范2第7.4.2条的规定，跨高比l/d应满足式（7.16a）［本书式（3.49）］的要求。

假定$A_{s,req}=A_{s,prov}$，$f_{ck}=25$MPa，$\rho_0=10^{-3}\sqrt{f_{ck}}=0.005$，$\rho=0.0044$和$K=1.3$（边跨），得到：

$$\frac{l}{d}=1.3\times\left[11+1.5\sqrt{25}\times\frac{0.5}{0.44}+3.2\times\sqrt{25}\times\left(\frac{0.5}{0.44}-1\right)^{3/2}\right]$$
$$=1.3\times(11+8.5+0.80)=26.4$$

上面的计算默认钢筋应力为$\sigma_s=310$MPa。总荷载为：$G_1+G_2+\psi_2 Q_k=4.5+3.0+0.3\times2=8.1\text{kN/m}^2$时，应按准永久荷载条件进行挠度控制。不同于承载能力极限状态，正常使用极限状态下按两跨均有可变荷载考虑，因此承载能力极限状态弯矩为$M_{Ed}=36.95\text{kN}\cdot\text{m}$时，正常使用极限状态弯矩为$M_{Ek}=8.1\times6.0^2/14.2=20.5\text{kN}\cdot\text{m}$。由于承载能力极限状态和正常使用极限状态下中性轴的高度没有大的差别，因此准永久荷载下的钢筋应力可取为：

$$\sigma_s=\frac{M_{Ek}}{M_{Ed}}f_{yd}=\frac{20.5}{36.95}\times435=241\text{MPa}$$

因此，容许的跨高比l/d可增大到：

$$\frac{l}{d}=\frac{310}{241}\times26.4=33.9$$

实际跨高比为：

$$\frac{l}{d}=\frac{6000-100-125}{144}=40.1>33.9$$

因此，有效配筋率至少比理论配筋率（0.44%）大（40.1/33.9）−1=18%，即有效配筋率为0.44%×1.18=0.52%，应考虑$A_{s,req}/A_{s,prov}=1.18$的系数。增加钢筋用量可减小钢筋应力且可有效控制挠度。

本章也可采用更为精细的计算方法（见欧洲规范2第7.4.3条）。

3.3.1.4 平板

假定板的总厚度为210mm，比前述例子厚30mm，已经对板进行了承载能力极限状态配筋计算。

对于配筋率相对较小（$\rho=0.5\%$）的平板，由表3.3得跨高比为$l/d=24$。第3.2.2节已经得到，承载能力极限状态下A-B跨中Y方向的配筋率为0.56%。即满足$l/d=24$的要求。可以认为，虽然计算模型不同（梁支撑的板与平板），但准永久荷载作用下平板的钢筋应力与梁支撑板的钢筋应力基本相同，所以容许的比值l/d为：

$$\frac{l}{d}=\frac{310}{241}\times24=30.9$$

对于平板，考虑较大的跨度 $l_y=7125-125-100=6900\text{mm}$，实际跨高比 l/d 为：

$$\frac{l}{d}=\frac{6900}{172}=40.1$$

如同前述的情况，纵向配筋需增加（40.1/30.9）－1＝30%，即有效配筋率应为0.5%×1.30＝0.65%>0.56%。也可采用更为精细的计算方法进行分析。

3.3.1.5 嵌有照明灯的板

中跨配筋率为：

$$\rho=\frac{A_{sl}}{bd}=\frac{226}{500\times197}=0.23\times10^{-2}$$

T形肋板宽 $b=500\text{mm}$，腹板宽 $b_w=120\text{mm}$，由于 $b/b_w=4.16>3$，因此式（3.48）乘以折减系数0.80。根据欧洲规范2第7.4.2（2）条的规定，若板的 l/d 小于跨高比限值，则无须进行详细计算。

$$\frac{l}{d}=0.80\times1.3\times\left[11+1.5\times\sqrt{25}\times\frac{0.5}{0.23}+3.2\times\sqrt{25}\times\left(\frac{0.5}{0.23}-1\right)^{3/2}\right]$$

$$=0.80\times1.3\times(11+16.3+20.4)=49.6$$

本例中，无须考虑系数 $\sigma_s/310$ 和系数 $A_{s,req}/A_{s,prov}$，因为 l/d 的实际值满足下式要求：

$$\frac{l}{d}=\frac{7125}{197}=36.2<49.6$$

3.3.2 正常使用极限状态的裂缝宽度

裂缝宽度为 $2l_t$ 的长度段内钢筋与混凝土的伸长之差，其中 l_t 为混凝土拉应力由裂缝处的零逐渐增大到 f_{ctm} 需要的“传递长度”（图3.47）：两条相邻裂缝的最大间距为 $2l_t$，否则会在其间再出现一条新裂缝（图3.47）。

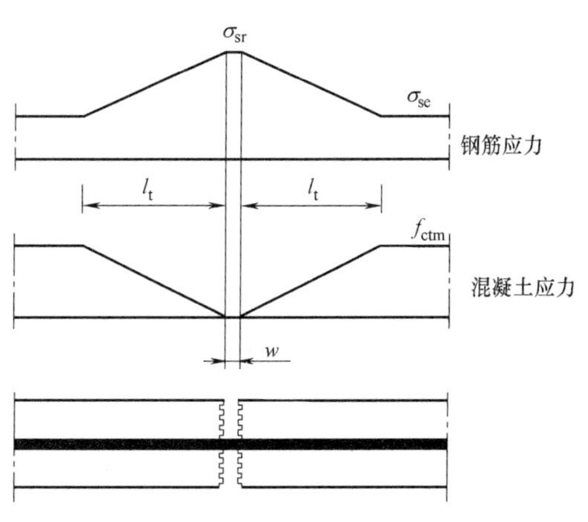

图3.47 裂缝宽度的定义

传递长度 l_t 按下式计算：

$$l_t=\frac{1}{4}\frac{f_{ctm}}{\tau_{bm}}\frac{\phi}{\rho} \tag{3.51}$$

为计算最大（或特征）裂缝宽度，需计算最大间距 $s_{r,max}=2l_t$ 内钢筋与混凝土的伸长差。根据欧洲规范2第7.3.4条的公式（7.8），裂缝宽度按下式计算：

$$w_k=s_{r,max}(\varepsilon_{sm}-\varepsilon_{cm}) \tag{3.52}$$

式中 $s_{r,max}$——裂缝最大间距；

$(\varepsilon_{sm}-\varepsilon_{cm})$——裂缝最大间距内钢筋与混凝土的变形差。

欧洲规范2第7.3.4节式（7.9）给出了计算 $s_{r,max}$ 和（$\varepsilon_{sm}-\varepsilon_{cm}$）的公式：

$$\varepsilon_{sm}-\varepsilon_{cm}=\frac{\sigma_s-k_t\dfrac{f_{ct,eff}}{\rho_{p,eff}}(1+\alpha_e\rho_{p,eff})}{E_s}\geqslant0.6\frac{\sigma_s}{E_s} \tag{3.53}$$

式中 σ_s——裂缝处钢筋的应力；

α_e——弹性模量比 E_s/E_{cm}；

$\rho_{p,eff}$——有效配筋率（包括最终预应力筋面积 A_p），$\rho_{p,eff}=\dfrac{A_s+\xi A_p}{A_{c,eff}}$；

ξ——预应力筋与普通钢筋粘结强度之比；

k_t——取决于荷载持续时间的系数（短期荷载为 0.6，长期荷载为 0.4）。

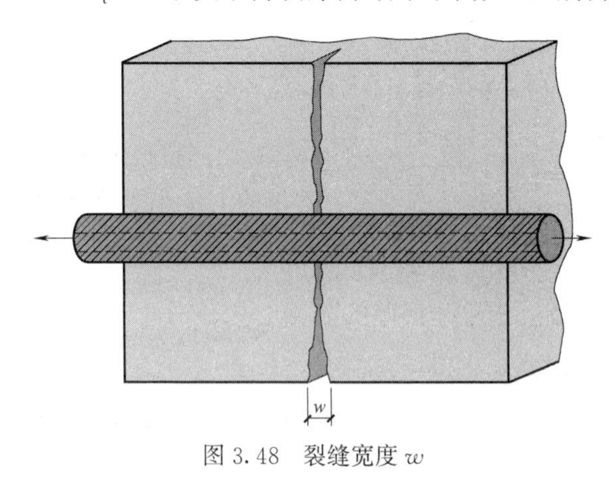

图 3.48 裂缝宽度 w

对于裂缝间距 $s_{r,max}$，欧洲规范 2 给出了改进表达式，考虑了混凝土保护层厚度的影响。试验表明，混凝土外表面的裂缝宽度比钢筋表面处的裂缝宽度大。裂缝宽度指结构表面混凝土裂缝的宽度（图 3.48）。

根据欧洲规范 2 第 7.3.4 节公式 (7.11)，最终裂缝间距最大值 $s_{r,max}$ 为：

$$s_{r,max}=k_3c+k_1k_2k_4\frac{\phi}{\rho_{p,eff}} \tag{3.54}$$

式中 c——混凝土保护层厚度；

ϕ——钢筋直径；

k_1——粘结系数（高粘结性能钢筋为 0.8，有效光圆表面的钢筋为 1.6，如预应力筋）；

k_2——应变分布系数（受拉为 1，受弯为 0.5，一般可取中间值）；

k_3——系数，建议取为 3.4；

k_4——系数，建议取为 0.425。

为将针对受拉混凝土中的钢筋建立的裂缝宽度计算公式用于受弯构件，需定义“受拉钢筋有效高度”。有效高度 h_{eff} 为 $2.5(h-d)$、$(h-x)/3$ 和 $h/2$ 中的最小者（图 3.49）。

表 3.4 所示为欧洲规范 2 关于裂缝宽度控制的规定（建议值）。

建议的裂缝宽度限值 **表 3.4**

	环境等级 准永久荷载	有粘结预应力构件 频遇荷载
X0,XC1	0.3	0.2
XC2,XC3,XC4	0.3	
XD1,XD2,XS1,XS2,XS3		消压

嵌有照明灯板的裂缝控制。

(1) 内支座

上部厚度为 50mm 的板按轴心受拉考虑（图 3.50）。

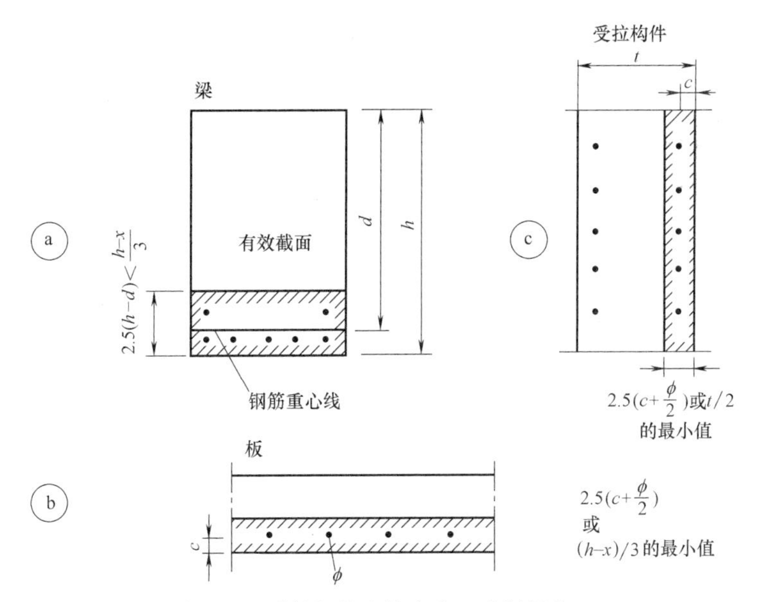

图3.49 受拉钢筋有效高度（欧洲规范2）

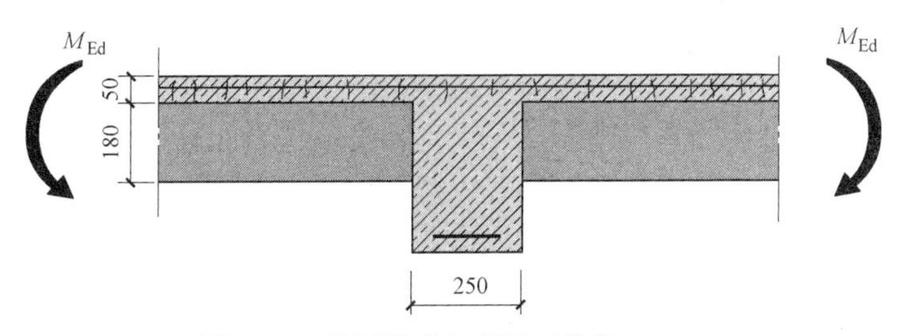

图3.50 几何尺寸和弯矩（单位：mm）

准永久荷载下的钢筋应力 $\sigma_{s,qp}$ 和配筋率：

$$\sigma_{s,qp}=\frac{Q_{qp}}{Q_{Ed}}\frac{A_{s,req}}{A_{s,prov}}f_{yd}=0.597\times0.73\times435=190.2\text{N/mm}^2$$

$$\rho_{s,eff}=\frac{A_{sl}}{bd}=\frac{1256}{1000\times50}=2.51\%$$

由式（3.54）计算得裂缝间距：

$$s_{r,max}=3.4\times19+0.8\times1.0\times0.425\times\frac{20}{0.0251}=335.3\text{mm}$$

由式（3.53）计算得平均应变：

$$\varepsilon_{sm}-\varepsilon_{cm}=\frac{190.2-0.4\times\dfrac{2.6}{0.0251}\times(1+7\times0.0251)}{200000}=0.71\times10^{-3}\geqslant0.57\times10^{-3}$$

由式（3.52）计算得特征裂缝宽度：

$$w_k=s_{r,max}(\varepsilon_{sm}-\varepsilon_{cm})=335.3\times0.71\times10^{-3}=0.24\text{mm}<0.30\text{mm}$$

（2）中跨

准永久荷载下的钢筋应力 $\sigma_{s,qp}$：

$$\sigma_{s,qp}=\frac{Q_{qp}}{Q_{Ed}}\frac{A_{s,req}}{A_{s,prov}}f_{yd}=0.597\times1.04\times435=270\text{N/mm}^2$$

h_{eff} 取 $2.5(h-d)$、$(h-x)/3$ 和 $h/2$ 中的最小值。h_{eff} 的临界值为：

$$2.5(h-d)=2.5\times33=82.5\text{mm}$$

钢筋配筋率：

$$\rho_{s,eff}=\frac{A_{sl}}{bh_{eff}}=\frac{226}{120\times82.5}=2.28\%$$

由式（3.54）计算得裂缝间距：

$$s_{r,max}=3.4\times29+0.8\times0.5\times0.425\times\frac{12}{0.0228}=188.1\text{mm}$$

由式（3.53）计算得平均应变：

$$\varepsilon_{sm}-\varepsilon_{cm}=\frac{270-0.4\times\frac{2.6}{0.0228}\times(1+7\times0.0228)}{200000}=1.09\times10^{-3}>0.81\times10^{-3}$$

满足要求。

由式（3.52）计算得特征裂缝宽度：

$$w_k=s_{r,max}(\varepsilon_{sm}-\varepsilon_{cm})=188.1\times1.09\times10^{-3}=0.20\text{mm}<0.30\text{mm}$$

参 考 文 献

Zilch K，G Zehetmaier. Bemessung im kontruktiven Betonbau，nach DIN 1045-1（Fassung 2008）und EN 1992-1-1（Eurocode 2）. Springer Verlag，2010.

第 4 章

钢筋细部构造

4.1 细部构造

欧洲规范 2 的第 8 章详述了主要承受静力荷载作用的带肋钢筋、钢筋网和预应力筋的细部构造。这些钢筋的细部规定与对抗震区建筑物的规定不同。

欧洲规范 2 第 8.2 节规定了为保证混凝土浇筑良好、密实和与钢筋充分粘结的最小钢筋间距。假定最大骨料粒径为 $d_g=20$mm，表 4.1 给出了不同直径钢筋的最小间距 $s_{min}=(d_a+5)$mm。

为了避免钢筋弯折时产生裂纹或弯曲轴心内的混凝土破坏，欧洲规范 2 第 8.3 节规定了钢筋束的最小芯轴直径 $\phi_{m,min}$。在满足欧洲规范 2 第 8.3（3）节规定的条件下，表 4.1 给出了不同直径钢筋的芯轴直径 $\phi_{m,min}$。

最小钢筋间距和芯轴直径 **表 4.1**

ϕ(mm)	s_{min}(mm)	$\phi_{mand,min}$(mm)
8	25	32
10	25	40
12	25	48
14	25	56
16	25	64
20	25	140
25	25	175

4.1.1 锚固长度

为避免混凝土出现纵向裂缝和剥落，纵向钢筋锚固应满足欧洲规范 2 第 8.4 节的条件。表 4.2～表 4.4 为根据这些规定确定的不同条件下结构构件钢筋的锚固长度：

（1）受拉或受压；

（2）粘结条件良好或较差（与混凝土浇筑有关）；

（3）直锚或标准弯折、弯钩或环。

可通过计算确定直钢筋的设计锚固长度 l_{bd}。对于采用标准弯折、弯钩或环的钢筋，根据欧洲规范 2 第 8.4.4（2）条的简化方法，可在等效锚固长度 $l_{b,eq}$ 的基础上进行计算。

表 4.2～表 4.4 给出 $s_{min}\geqslant 2c_{nom}$ 时标准弯折或弯钩钢筋的锚固长度，忽略了横向钢筋的约束或横向压力。

基础钢筋的锚固长度（C25/C30，$c_{nom}=40$mm） **表 4.2**

ϕ(mm)	直锚 l_{bd}(mm)				标准弯折、弯钩或环 $l_{b,eq}$(mm)			
	受拉		受压		受拉		受压	
	良好	差	良好	差	良好	差	良好	差
8	226	323	323	461	226	323	226	323
10	283	404	404	577	283	404	283	404

续表

ϕ(mm)	直锚 l_{bd}(mm)				标准弯折、弯钩或环 $l_{b,eq}$(mm)			
	受拉		受压		受拉		受压	
	良好	差	良好	差	良好	差	良好	差
12	339	484	484	692	339	484	339	484
14	408	582	565	807	565	807	565	807
16	500	715	646	922	646	922	646	922
20	686	980	807	1153	807	1153	807	1153
25	918	1312	1009	1441	1009	1441	1009	1441

梁和板钢筋的锚固长度（C25/C30，c_{nom}=30mm）　　表 4.3

ϕ(mm)	直锚 l_{bd}(mm)				标准弯折、弯钩或环 $l_{b,eq}$(mm)			
	受拉		受压		受拉		受压	
	良好	差	良好	差	良好	差	良好	差
8	226	323	323	461	226	323	226	323
10	283	404	404	577	404	577	404	577
12	375	536	484	692	484	692	484	692
14	468	669	565	807	565	807	565	807
16	561	801	646	922	646	922	646	922
20	747	1067	807	1153	807	1153	807	1153
25	979	1398	1009	1441	1009	1441	1009	1441

柱钢筋的锚固长度（C30/C37，c_{nom}=30mm）　　表 4.4

ϕ(mm)	直锚 l_{bd}(mm)				标准弯折、弯钩或环 $l_{b,eq}$(mm)			
	受拉		受压		受拉		受压	
	良好	差	良好	差	良好	差	良好	差
8	200	286	286	408	200	286	200	286
10	250	357	357	511	357	511	357	511
12	332	475	429	613	429	613	429	613
14	415	592	500	715	500	715	500	715
16	497	710	572	817	572	817	572	817
20	661	945	715	1021	715	1021	715	1021
25	867	1238	893	1276	893	1276	893	1276

关于采用弯折和弯钩的箍筋、抗剪钢筋锚固，根据欧洲规范 2 第 8.5 节的规定确定的弯折段之外的钢筋长度 l_{link} 见表 4.5。

箍筋弯折段之外的长度　　表 4.5

ϕ(mm)	l_{link}(mm)	
	弯折	弯钩
6	70	50
8	80	50
10	100	50
12	120	60

4.1.2 搭接长度

钢筋间力的传递可通过搭接来实现。为避免混凝土剥落或出现大的裂缝，搭接接头应远离力或弯矩较大的区域，且对称布置。根据欧洲规范 2 第 8.7 节的规定，梁、平板和柱的搭接长度（表 4.6～表 4.9）按下列条件确定：

（1）受拉或受压；

（2）浇筑混凝土时粘结情况的好坏；

（3）钢筋搭接区搭接钢筋的百分率 ρ_1。

梁和板受拉钢筋的搭接长度（C25/C30，c_{nom}=30mm）　　表 4.6

ϕ(mm)	搭接长度 l_0(mm)							
	粘结良好				粘结较差			
	$\rho_1<25$	$\rho_1=33$	$\rho_1=50$	$\rho_1>50$	$\rho_1<25$	$\rho_1=33$	$\rho_1=50$	$\rho_1>50$
8	226	260	316	339	323	371	452	484
10	283	325	396	424	404	464	565	605
12	375	432	525	563	536	617	751	804
14	468	538	655	702	669	769	936	1003
16	561	645	785	841	801	922	1122	1202
20	747	859	1045	1120	1067	1227	1493	1600
25	979	1126	1370	1468	1398	1608	1957	2097

梁和板受压钢筋的搭接长度（C25/C30，c_{nom}=30mm）　　表 4.7

ϕ(mm)	搭接长度 l_0(mm)							
	粘结良好				粘结较差			
	$\rho_1<25$	$\rho_1=33$	$\rho_1=50$	$\rho_1>50$	$\rho_1<25$	$\rho_1=33$	$\rho_1=50$	$\rho_1>50$
8	323	371	452	484	461	530	646	692
10	404	464	565	605	577	663	807	865
12	484	557	678	726	692	796	969	1038
14	565	650	791	848	807	928	1130	1211
16	646	743	904	969	922	1061	1291	1384
20	807	928	1130	1211	1153	1326	1614	1730
25	1009	1160	1413	1513	1441	1658	2018	2162

柱受拉钢筋的搭接长度（C30/C37，c_{nom}＝30mm）　　表 4.8

ϕ(mm)	搭接长度 l_0(mm)							
	粘结良好				粘结较差			
	$\rho_1<25$	$\rho_1=33$	$\rho_1=50$	$\rho_1>50$	$\rho_1<25$	$\rho_1=33$	$\rho_1=50$	$\rho_1>50$
8	200	230	280	300	286	329	400	429
10	250	288	350	375	357	411	500	536
12	332	382	465	499	475	546	665	712
14	415	477	580	622	592	681	829	888
16	497	571	695	745	710	816	994	1065
20	661	760	926	992	945	1086	1322	1417
25	867	997	1213	1300	1238	1424	1733	1857

柱受压钢筋的搭接长度（C30/C37，c_{nom}＝30mm）　　表 4.9

ϕ(mm)	搭接长度 l_0(mm)							
	粘结良好				粘结较差			
	$\rho_1<25$	$\rho_1=33$	$\rho_1=50$	$\rho_1>50$	$\rho_1<25$	$\rho_1=33$	$\rho_1=50$	$\rho_1>50$
8	286	329	400	429	408	470	572	613
10	357	411	500	536	511	587	715	766
12	429	493	600	643	613	705	858	919
14	500	575	701	751	715	822	1001	1072
16	572	658	801	858	817	939	1144	1225
20	715	822	1001	1072	1021	1174	1430	1532
25	893	1028	1251	1340	1276	1468	1787	1915

如果搭接钢筋直径大于或等于 20mm 且搭接率大于等于 25%，则需配置横向钢筋（欧洲规范 2 第 8.7.4 条）。否则，需考虑因其他原因而配置的横向钢筋或箍筋，在不进行证明的情况下足以承担横向拉力。

4.2　结构构件的构造要求

欧洲规范 2 第 9 章提出了满足结构安全性、适用性和耐久性的要求，定义了要求的最大和最小钢筋面积，以避免混凝土发生脆性破坏、出现较宽的裂缝及抵抗约束产生的力。

4.2.1　B-2 基础构造

结构的柱固支在高度为 800mm 的混凝土基础上，基础形式和尺寸如图 4.1 所示。

4.2.1.1　基础设计

为对 B-2 基础进行设计和验算，采用根据岩土规范确定的承载能力极限状态下的土压力验算土的承载力。土压力根据 EN 1997-2 附录 1 的分析方法计算。

图 4.2 和下面的公式概括了提到的模型，可估算基础下承载能力极限状态的土压力，计算荷载效应 N_{Ed}、$M_{Ed,y}$ 和 $M_{Ed,z}$。

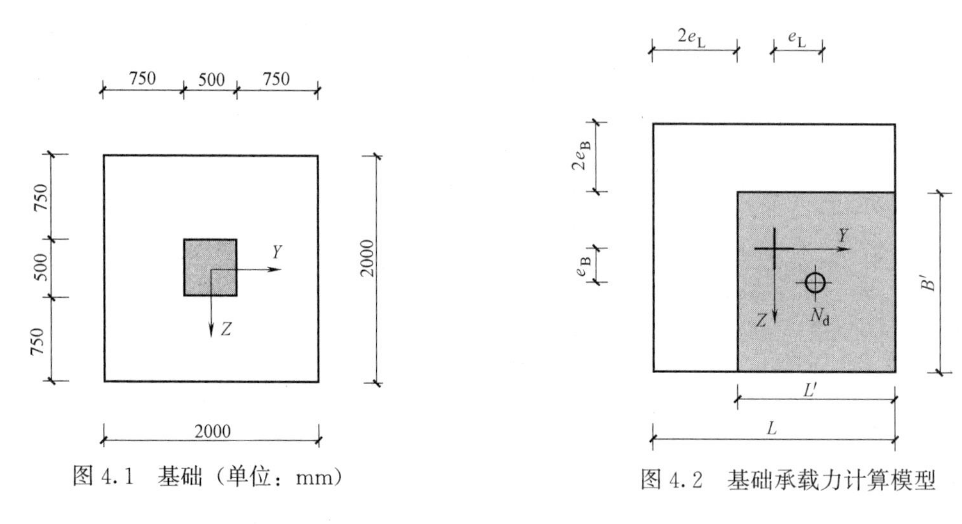

图 4.1　基础（单位：mm）

图 4.2　基础承载力计算模型

$$\sigma_{\mathrm{Ed}}=\frac{N_{\mathrm{Ed}}}{B'L'},\begin{cases}L'=L-2e_{\mathrm{L}}，其中\ e_{\mathrm{L}}=-\dfrac{M_{\mathrm{Ed},z}}{|N_{\mathrm{Ed}}|}\\B'=L-2e_{\mathrm{B}},其中\ e_{\mathrm{B}}=\dfrac{M_{\mathrm{Ed},y}}{|N_{\mathrm{Ed}}|}\end{cases}$$

表 4.10 给出了计算的基础内力和每个方向的偏心距。由于偏心距很小（小于 1mm），计算中视为 0。

承载能力极限状态下的内力和偏心距　　**表 4.10**

组合	N_{Ed}(kN)	$M_{\mathrm{Ed},y}$(kN·m)	$M_{\mathrm{Ed},z}$(kN·m)	e_{L}(mm)	e_{B}(mm)
1	−4554.80	3.82	−3.78	0.8	0.8
2	−4837.96	−3.11	0.60	−0.1	−0.6
3	−4990.35	−2.71	0.66	−0.1	−0.5
4	−4985.91	−3.26	−2.31	0.5	−0.7
5	−4491.62	−2.73	−1.38	0.3	−0.6
6	−5435.54	−2.98	−3.46	0.6	−0.5
7	−5359.70	1.44	0.71	−0.1	0.3
8	−5359.70	1.44	0.71	−0.1	0.3
9	−4502.78	4.08	−3.50	0.8	0.9
10	−5780.18	−2.36	−4.49	0.8	−0.4

土的最大应力为：

$$\sigma_{\mathrm{Ed}}=\frac{N_{\mathrm{Ed}}}{B'L'}=\frac{5780.18}{2.00\times2.00}=1445\mathrm{kN/m^2}$$

为确定基础底部的钢筋用量（面积），欧洲规范 2 第 9.8.2.2 款给出了计算锚固钢筋所能承受的最大力的方法。有效土压力 σ'_{Ed} 须考虑钢筋混凝土基础承受的土压力和自重（图 4.3）：

$$\sigma'_{\mathrm{Ed}}=\sigma_{\mathrm{Ed}}-q_{\mathrm{sw,d}}=1445-1.35\times25\times0.80=1418\mathrm{kN/m^2}$$

根据图 4.4 和下列公式可确定钢筋的锚固长度。假定 $x=b/2-0.35a$，得钢筋拉力：

$$F_{\mathrm{s}}(x)=R_{\mathrm{d}}(x)\frac{z_{\mathrm{e}}(x)}{z_i}$$

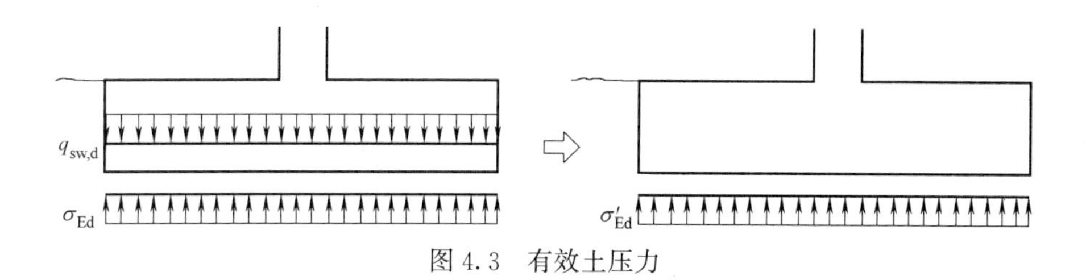

图 4.3　有效土压力

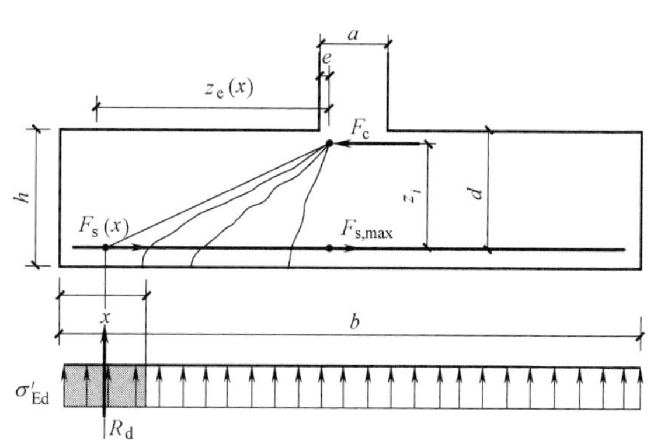

图 4.4　混凝土开裂后基础钢筋拉力的计算

其中

$$z_e(x)=\frac{b}{2}-0.35a-\frac{x}{2},\ R_d(x)=\sigma'_{Ed}b'x$$

$$F_{s,max}=F_s\left(\frac{b}{2}-0.35a\right)$$

基础的主要设计参数如下：混凝土采用 C25/C30，钢筋采用 B500。$a=500$mm，$e=0.15a=75$mm［EN 1992-1-1 第 9.8.2.2（3）款］，$b=b'=2000$mm，$h=800$mm，$c_{nom}=40$mm，$d=h-c_{nom}-1.5\phi=736$mm（假定 $\phi=16$mm），$z_i=0.90d=662$mm（假定 $\phi=16$mm）［EN 1992-1-1 第 9.8.2.2（3）款］。

将这些参数代入上述公式得钢筋拉力：

$$F_s(x)=2836\cdot x\cdot\frac{0.825-0.5x}{0.662}$$

则钢筋最大拉力 $F_{s,max}$ 和需要的钢筋面积 A_s 为：

$$F_{s,max}=F_s(0.825)=1457.9\text{kN}$$

$$A_s=\frac{F_{s,max}}{f_{yk}/\gamma_s}=3353\text{mm}^2$$

采用 17ϕ16。

4.2.1.2　钢筋布置

基础采用的最小钢筋直径为 8mm［EN 1992-1-1 第 9.8.2.1（1）款］，所以配置直径为 16mm 的钢筋，钢筋净间距为 98mm（图 4.5），大于 $s_{min}=25$mm（表 4.1）。

直锚钢筋的锚固长度应满足下式要求：

$$l_b+c_{nom}<x_{min}$$

式中　x_{min}——第一条裂缝到 $x_{min}=h/2$ 处的距离［EN 1992-1-1 第 9.8.2.2（5）款］。

根据表 4.2，粘结条件良好、受拉的设计锚固长度为 $l_{bd}=500$mm。

$$F_s(x_{min})=F_s(0.40)=1079.1\text{kN}$$

$$l_b=\frac{F_s(x_{min})}{A_sf_{yd}}l_{bd}=\frac{1079.1}{1485.7}\times500=360\text{mm}$$

$$l_b+c_{nom}=400\text{mm}\leqslant x_{min}=400\text{mm}$$

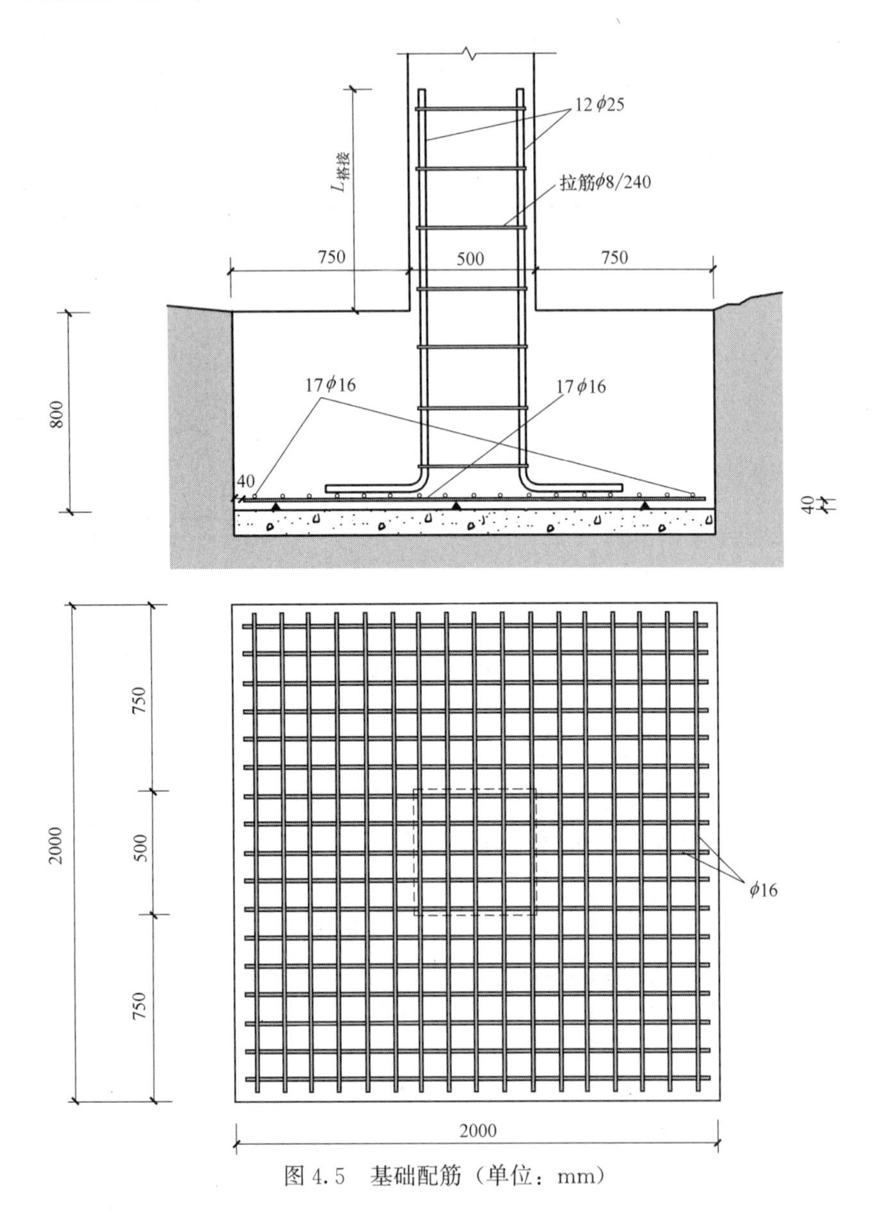

图 4.5　基础配筋（单位：mm）

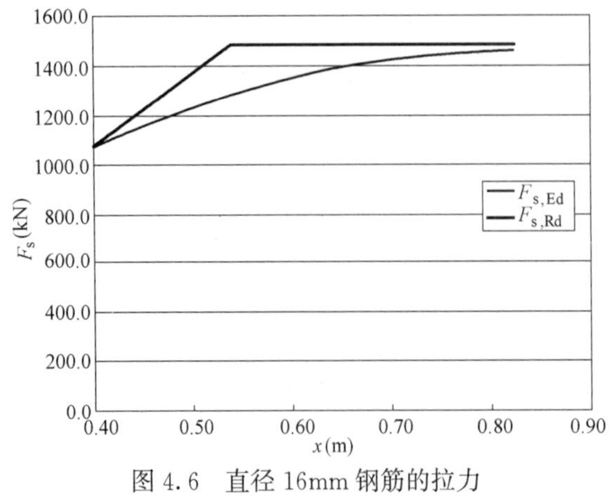

图 4.6　直径 16mm 钢筋的拉力

图 4.6 所示为钢筋实际拉力 $F_{s,Ed}$ 随 x（作用）的变化和考虑了钢筋锚固的承载力 F_{Rd}（抗力），在距第一条裂缝 x_{min} 处总是满足 $F_{s,Rd}>F_{s,Ed}$。

对于直径 $\phi=20$mm 的钢筋：

$$d=h-c_{nom}-1.5\phi=800-40-1.5\times20=730\text{mm}$$

$$z_i=0.90d=657\text{mm}$$

［欧洲规范 2 第 9.8.2.2(3)款］

$$F_{s,max}=F_s(0.825)=1469.0\text{kN}$$

$$A_s=\frac{F_{s,max}}{f_{yk}/\gamma_s}=33.79\text{cm}^2$$

采用 11ϕ20，此时钢筋净距 162mm$>s_{min}$=25mm（表 4.1）。

对于直锚钢筋，考虑 ϕ=20mm 时 l_{bd}=686mm（表 4.2）得：

$$F_s(x_{min})=F_s(0.40)=1079.1\text{kN}$$

$$l_b=\frac{F_s(x_{min})}{A_s f_{yd}}l_{bd}=\frac{1079.1}{1501.7}\times 686=493\text{mm}$$

$$l_b+c_{nom}=533\text{mm}>x_{min}=400\text{mm}$$

由此可见，直锚不满足要求，需按图 4.7 采用弯钩锚固，其中 l_a=195mm。

图 4.8 给出了钢筋的实际拉力 $F_{s,Ed}$ 和相应于直锚和弯钩锚固的抗力 $F_{s,Rd1}$ 和 $F_{s,Rd2}$。

对于冲切验算（欧洲规范 2 第 6.4 节），假定基本控制周边在距加载区边缘 2.0d 处，已经超出了基础的外边缘。

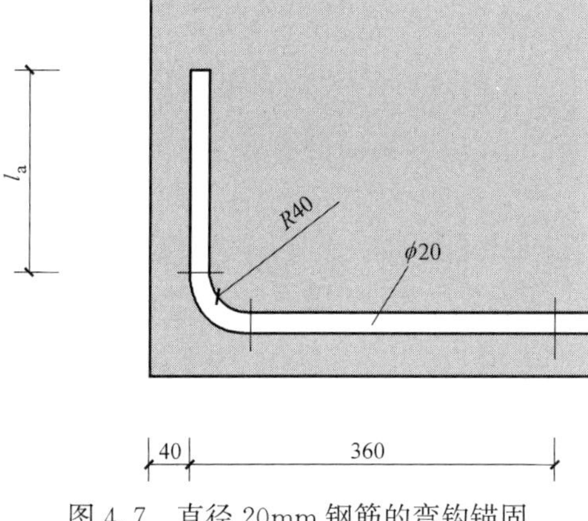

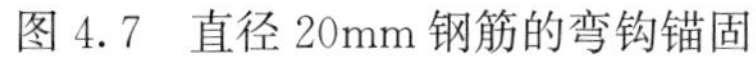

图 4.7　直径 20mm 钢筋的弯钩锚固

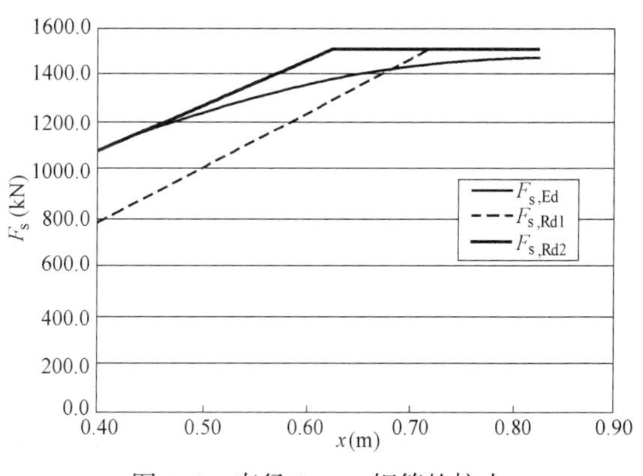

图 4.8　直径 20mm 钢筋的拉力

4.2.2　梁的细部构造

欧洲规范 2 第 9.2 节对梁的细部构造进行了规定。结构中梁的材料性能如下：

（1）混凝土：f_{ck}=25N/mm^2，γ_c=1.5，$f_{ctm}=0.30f_{ck}^{2/3}$=2.56N/mm^2。

（2）钢筋：f_{yk}=500N/mm^2，γ_s=1.15。

纵向受拉钢筋的最小面积 $A_{s,min}$［欧洲规范 2 第 9.2.1.1（1）款］为：

$$A_{s,min}=0.26\frac{f_{ctm}}{f_{yk}}b_t d\geqslant 0.0013b_t d\Rightarrow A_{s,min}=0.00133b_t d$$

式中　b_t——受拉区平均宽度。

纵向受拉或受压钢筋最大的面积 $A_{s,max}$［欧洲规范 2 第 9.2.1.1（3）款］为：

$$A_{s,max}=0.04A_c$$

对于纵向受拉钢筋的截断长度，可按“平移规则”［欧洲规范 2 第 9.2.1.3（2）款］根据下式计算：

$$a_1 = z\frac{\cot\theta - \cot\alpha}{2}$$

假定 $z=0.9d$ 和用竖向箍筋作为抗剪钢筋（$\alpha=90°$），则平移长度为：

$$a_1 = 0.45d\cot\theta$$

其中，$\cot\theta$ 取与抗剪钢筋计算相同的值。

对于抗剪钢筋，最小配筋率［欧洲规范 2 第 9.2.2（5）条］为：

$$\rho_{w,min} = \frac{A_{sw}}{sb_w\sin\alpha} = \frac{0.08\sqrt{f_{ck}}}{f_{yk}} = 0.0008$$

因为 $\alpha=90°$，所以

$$\left(\frac{A_{sw}}{s}\right)_{min} = 0.0008b_w$$

箍筋的最大纵向间距 $s_{l,max}$ 按下式计算：

$$s_{l,max} = 0.75d(1+\cot\alpha) = 0.75d$$

箍筋中肢与肢间的最大横向间距 $s_{t,max}$ 按下式确定：

$$s_{t,max} = 0.75d \leqslant 600\text{mm}$$

4.2.2.1 方案 1 的 A2-B2-C2 梁

该梁为方案 1 支撑双向板的梁，截面如图 4.9 所示。假定箍筋的直径 $\phi_w=8\text{mm}$，纵向钢筋的直径 $\phi=16\text{mm}$，则：

$$d = h - c_{nom} - \phi_w - \frac{\phi}{2} = 400-30-8-8 = 354\text{mm}$$

$$b_t = \begin{cases} 250\text{mm} & \text{正弯矩} \\ 1100\text{mm} & \text{负弯矩} \end{cases}$$

$$b_w = 250\text{mm}$$

将这些值代入前面的公式得：

$$A_{s,min} = 0.00133b_t d = \begin{cases} 118\text{mm}^2 & \text{正弯矩} \\ 518\text{mm}^2 & \text{负弯矩} \end{cases}$$

$$A_{s,max} = 0.04A_c = 6520\text{mm}^2$$

$$a_1 = 0.45d\cot\theta = 400\text{mm}\ (\text{取}\ \cot\theta = 2.5)$$

$$\left(\frac{A_{sw}}{s}\right)_{min} = 0.0008b_w = 0.20\text{mm}^2/\text{mm}$$

$$s_{l,max} = 0.75d = 266\text{mm}$$

$$s_{t,max} = 0.75d = 266\text{mm}$$

计算得到正负弯矩和剪力的包络图，进而得到纵向和抗剪钢筋的受力包络图。图 4.10 给出了上部和下部纵向钢筋拉力 $F_{s,Ed}$ 的包络图。

由于斜裂缝的影响，将这些包络线平移距离 a_1，得到确定钢筋承载力需要的钢筋拉力 $F^*_{s,Ed}$。对于选定数量的纵向钢筋，计算了考虑锚固长度的承载力 $F_{s,Rd}$。任一截面须满足 $F_{s,Rd} > F^*_{s,Ed}$。

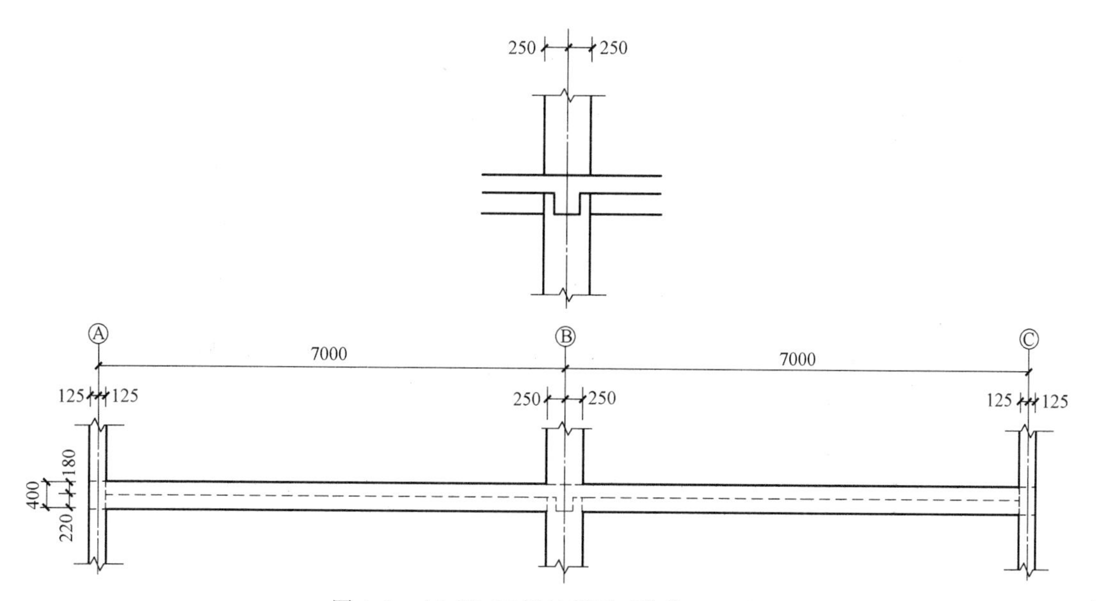

图 4.9　A2-B2-C2 梁的截面（单位：mm）

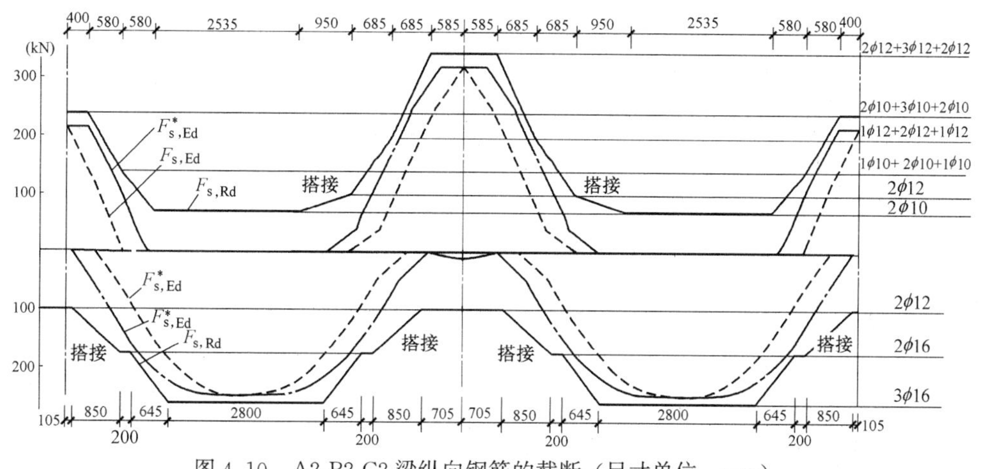

图 4.10　A2-B2-C2 梁纵向钢筋的截断（尺寸单位：mm）

对于抗剪钢筋，可从剪力包络图得到钢筋受到的力，确定钢筋间距，使承载力 $F_{sw,Rd} \geqslant F_{sw,Ed}$（图 4.11）。

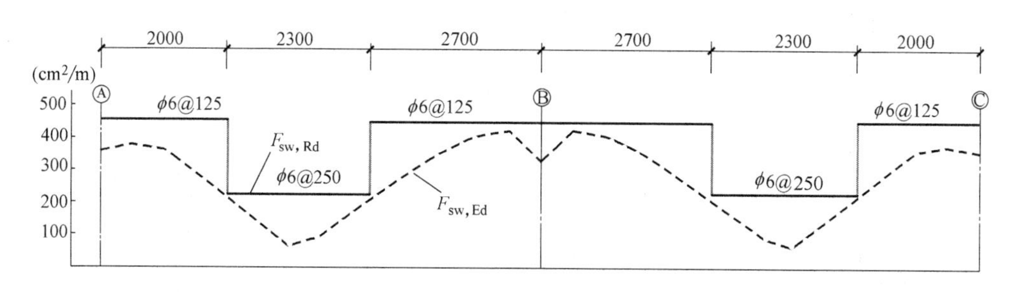

图 4.11　A2-B2-C2 梁抗剪钢筋包络图（单位：mm）

图 4.12 所示为梁 A2-B2-C2 最终配置的纵向和抗剪钢筋。

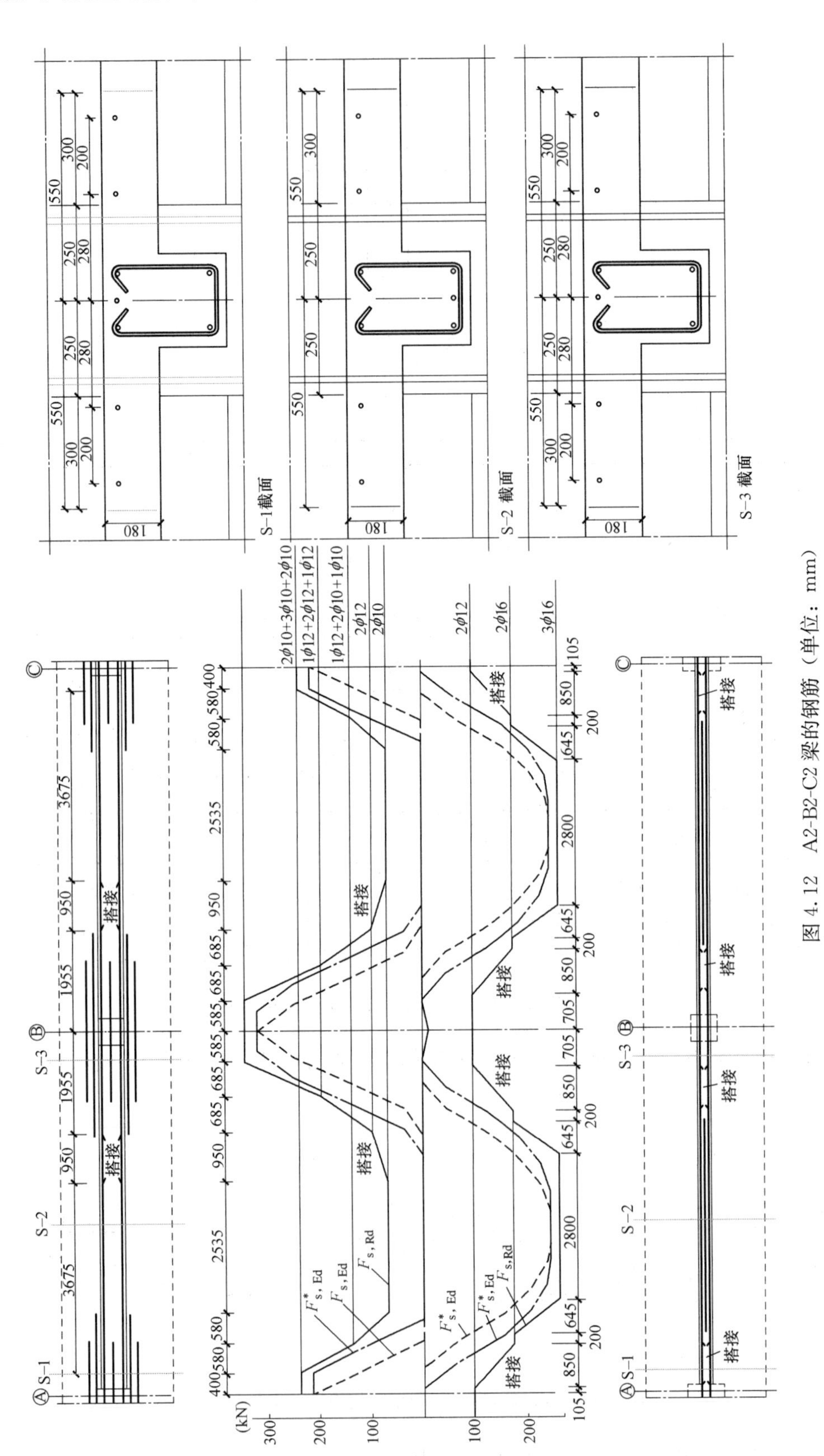

图 4.12　A2-B2-C2 梁的钢筋（单位：mm）

4.2.2.2　方案3的B1-B2-B3梁

方案3为嵌有照明灯的单向板的情况，梁的尺寸如图4.13所示。

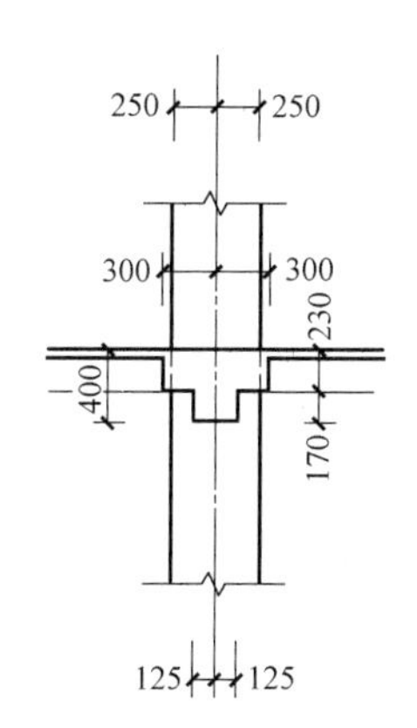

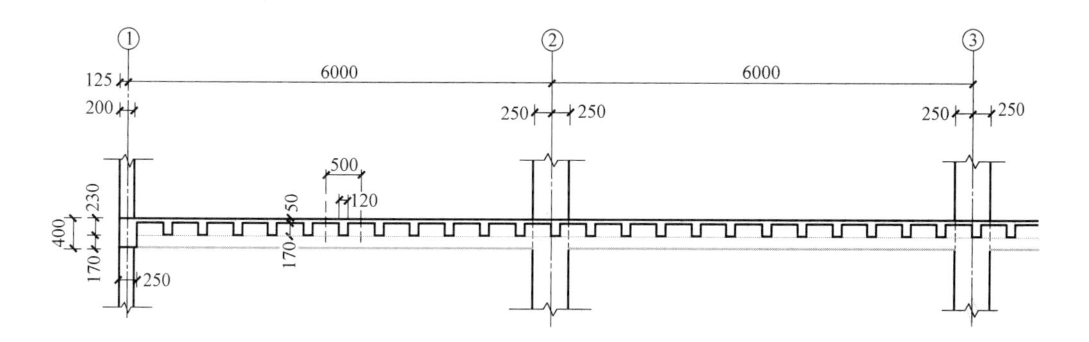

图4.13　B1-B2-B3梁的尺寸（单位：mm）

同方案1，箍筋直径 $\phi_w=8$mm，纵向钢筋直径 $\phi=16$mm，得：

$$d=h-c_{nom}-\phi_w-\frac{\phi}{2}=400-30-8-8=354\text{mm}$$

$$b_t=\begin{cases}250\text{mm} & \text{正弯矩}\\600\text{mm} & \text{负弯矩}\end{cases}$$

$$b_w=250\text{mm}$$

$$A_{s,min}=0.00133b_td=\begin{cases}118\text{mm}^2 & \text{正弯矩}\\282\text{mm}^2 & \text{负弯矩}\end{cases}$$

$$A_{s,max}=0.04A_c=722\text{mm}^2$$

$$a_1=0.45d\cot\theta=400\text{mm（取}\cot\theta=2.5\text{）}$$

$$\left(\frac{A_{sw}}{s}\right)_{min}=0.0008b_w=0.20\text{mm}^2/\text{mm}$$

$$s_{l,\max}=0.75d=266\text{mm}$$

$$s_{t,\max}=0.75d=266\text{mm}$$

对于梁 2，得到内力包络图和纵向钢筋截断图。图 4.14 所示为要求的上部和下部纵向钢筋拉力 $F_{s,Ed}$ 的包络图，及平移的内力 $F^*_{s,Ed}$ 和抵抗 $F_{s,Rd}$ 的包络图。任意截面均满足 $F_{s,Rd}>F^*_{s,Ed}$。

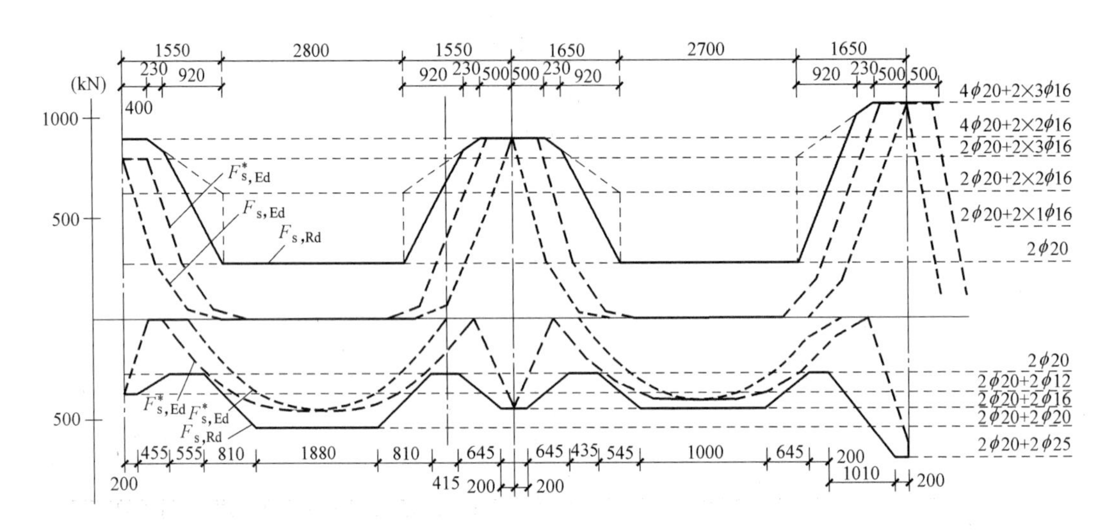

图 4.14　B1-B2-B3 梁纵向钢筋的截断（单位：mm）

对于抗剪钢筋，从剪力包络图得到要求的钢筋承载力 $F_{sw,Rd}$。抗剪钢筋的布置满足 $F_{sw,Rd}>F_{sw,Ed}$（图 4.15）。

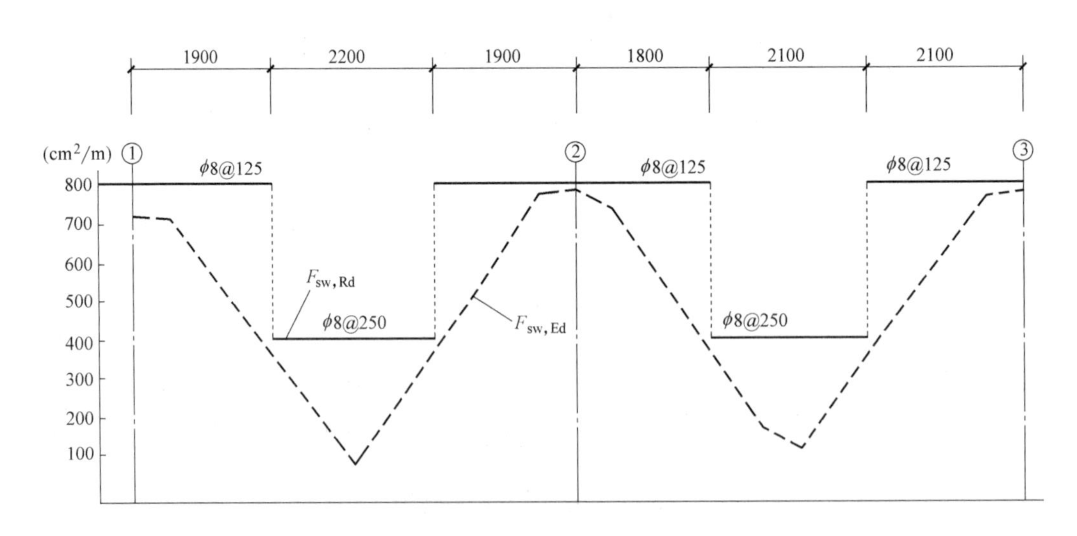

图 4.15　B1-B2-B3 梁抗剪钢筋包络图（单位：mm）

图 4.16 为梁 B1-B2-B3 最终配置的纵向和抗剪钢筋。

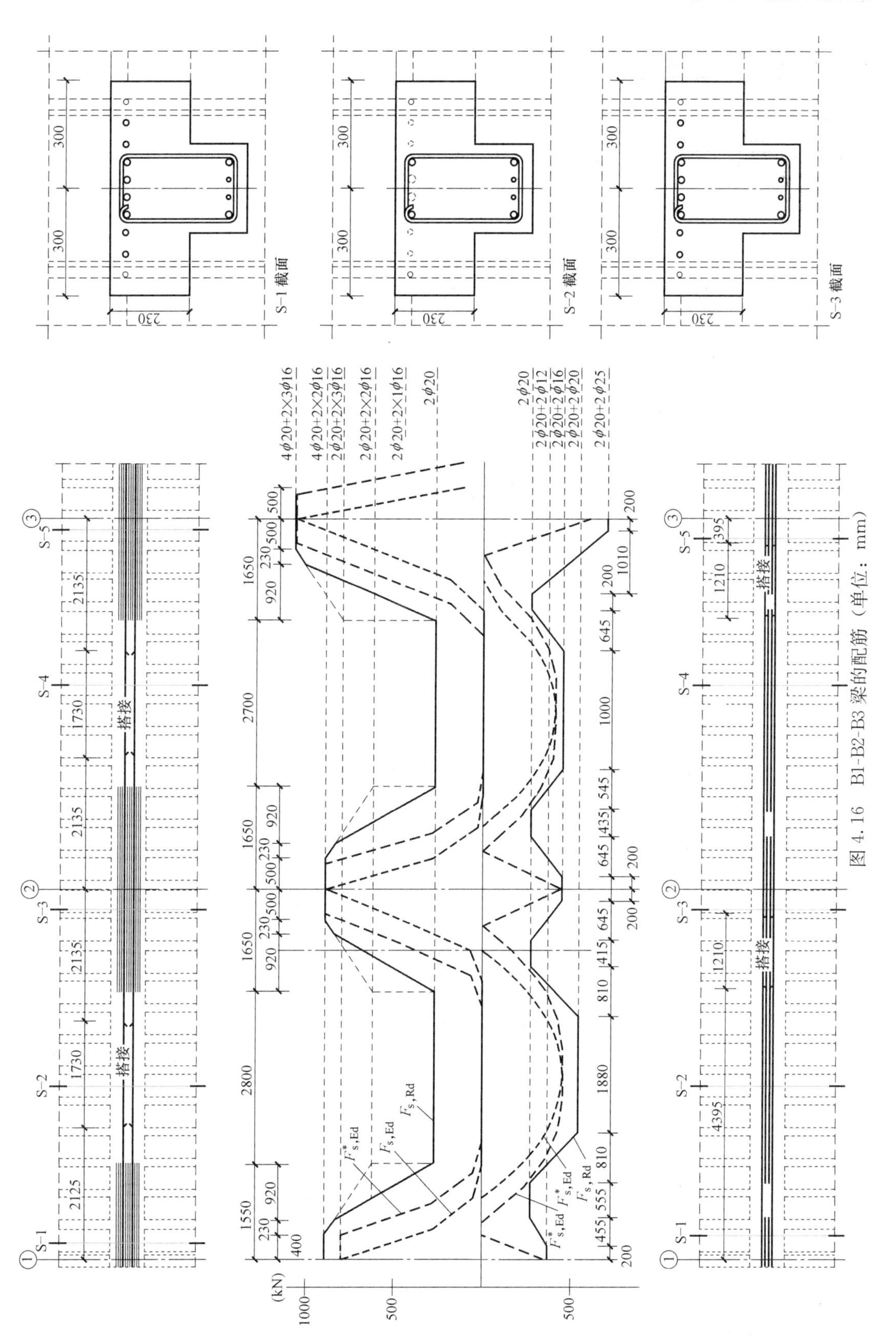

图 4.16　B1-B2-B3 梁的配筋（单位：mm）

4.2.3 板的细部构造

板的材料特性与梁相同。

方案 1 的板 AB12（梁上的双向板），总厚度为 18cm。图 4.17 所示为板的平面尺寸。

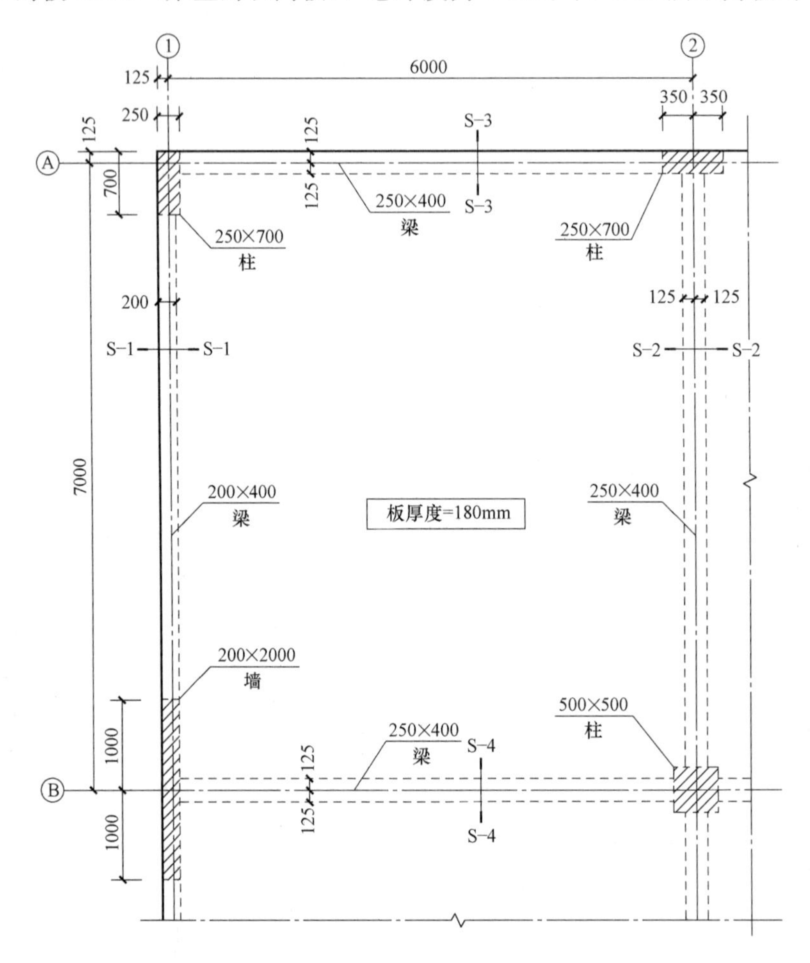

图 4.17　方案 1 板 AB12 的平面尺寸（单位：mm）

欧洲规范 2 第 9.3 节规定了此类板钢筋的细部构造。钢筋的最小面积 $A_{s,min}$ 和最大面积 $A_{s,max}$ 与梁相同［欧洲规范 2 第 9.3.1.1（1）款］。取板的单位宽度（b=1mm）进行计算，则

$$d=h-c_{nom}-\phi_w-\frac{\phi}{2}=180-30-12-6=132\text{mm}\quad(\phi=12\text{mm})$$

$$b_t=1\text{mm}$$

$$A_{s,min}=0.00133b_t d=0.176\text{mm}^2/\text{mm}$$

$$A_{s,max}=0.04A_c=7200\text{mm}^2/\text{mm}$$

钢筋的最大间距 $s_{max,slabs}$［欧洲规范 2 第 9.3.1.1（3）款］为：

$$s_{max, slabs} = 2.0 \times h \leqslant 250\text{mm 取 } s_{max, slabs} = 250\text{mm}$$

截断钢筋的平移长度［欧洲规范 2 第 9.3.1.1（4）款］为：

$$a_l = d = 132\text{mm}$$

图 4.18 给出了板每个方向（X，Y）每个条带需要的钢筋。

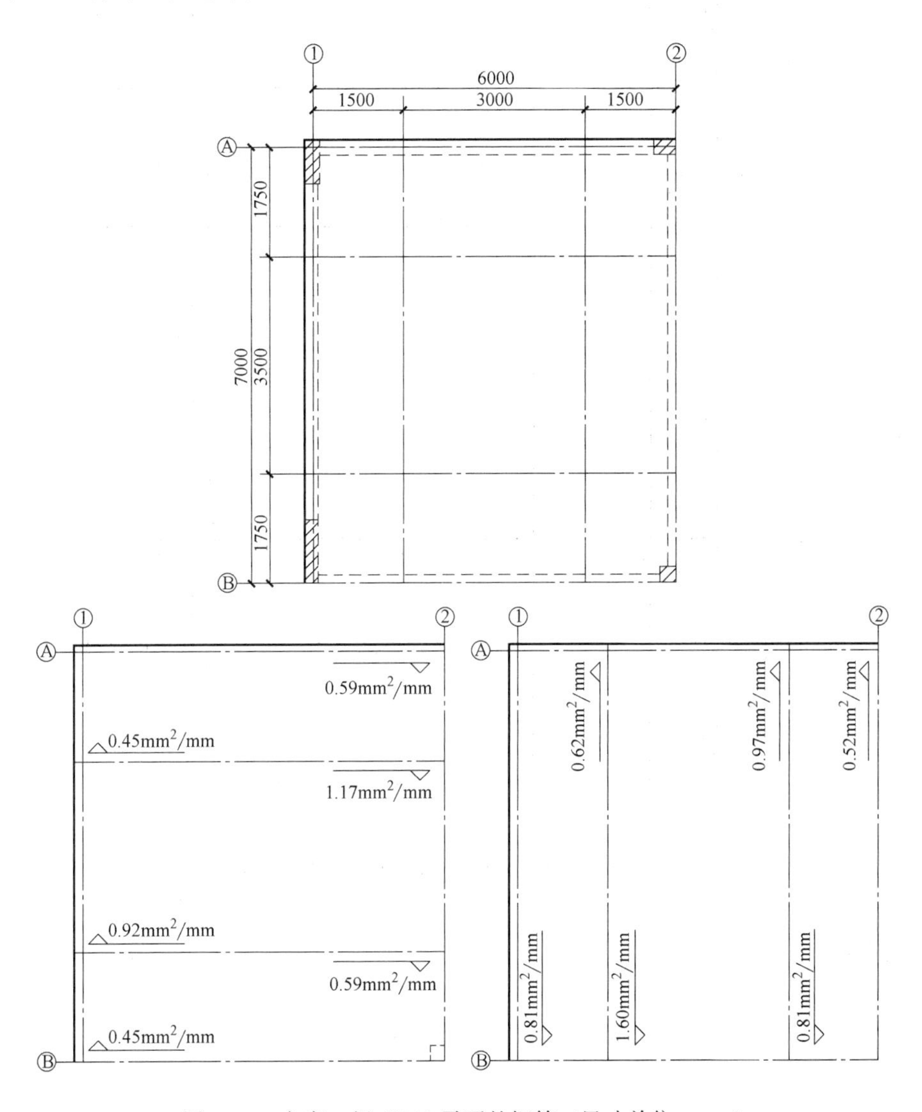

图 4.18　方案 1 板 AB12 需要的钢筋（尺寸单位：mm）

最后，考虑前面对钢筋面积、直径和距离的限制，板的实际配筋如图 4.19 所示。

4.2.4　柱的细部构造

针对结构构件，欧洲规范 2 第 5.3.1 条定义了柱的特性，第 9.5 节给出了细部构造的规定。

对于纵向钢筋（欧洲规范 2 第 9.5.2 条），最小直径为 $\phi_{min} = 8\text{mm}$，最小和最大钢筋

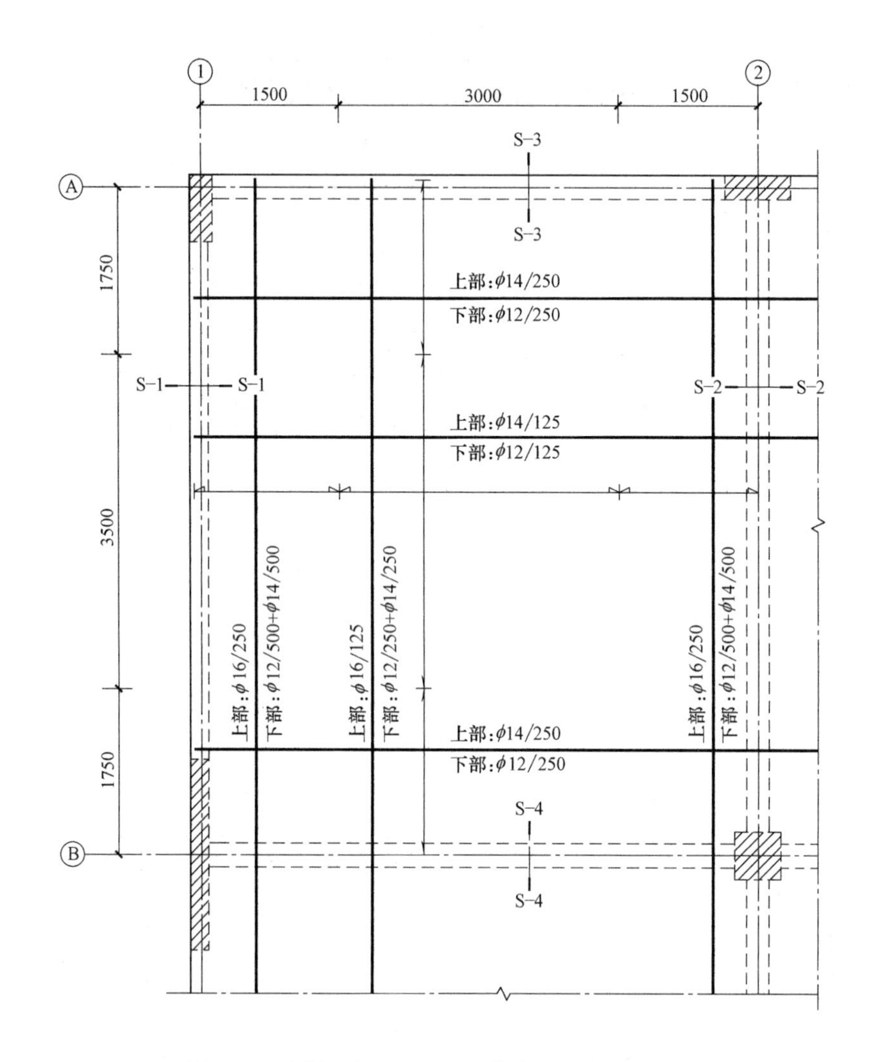

图 4.19　案例 1 板 AB12 的钢筋布置（单位：mm）

面积分别为：

$$A_{s,\min}=\max\left(\frac{0.10N_{Ed}}{f_{yd}},\ 0.002A_c\right)$$

$$A_{s,\max}=0.04A_c$$

式中　A_c——柱的截面面积。

欧洲规范 2 第 9.5.3 条规定，最小抗剪钢筋直径 $\phi_{t,\min}$ 和最大抗剪钢筋间距 $s_{t,\max}$ 为：

$$\phi_{t,\min}=\max\left(6\text{mm},\ \frac{1}{4}\phi_{long}\right)$$

$$s_{t,\max}=\min(20\phi_{long},\ b_{\min},\ 400\text{mm})$$

在梁、板附近区域和搭接接头处，如果钢筋直径大于14mm，则对钢筋最大间距乘0.6的系数进行折减。在这种情况下，不应少于3根钢筋。

纵向受压钢筋与约束钢筋间的净距不应大于150mm，约束由抗剪钢筋或搭接钢筋提供。

纵向钢筋方向有变化时，如果变化率小于或等于1/12，则可忽略产生的横向力，否则应考虑产生的推力。

方案2实心平板柱B2的尺寸如图4.20所示。柱的材料特性如下：

（1）混凝土：$f_{ck}=30\text{N/mm}^2$，$\gamma_c=1.50$，$f_{ctm}=0.30f_{ck}^{2/3}=2.90\text{N/mm}^2$。

（2）钢筋：$f_{yk}=500\text{N/mm}^2$，$\gamma_s=1.15$。

将这些值代入前面的公式得到：

1）纵向钢筋

$$\phi_{min}=8\text{mm}$$

$$A_{s,min}=\max(0.23N_{Ed},500\text{mm}^2)$$

$$A_{s,max}=10000\text{mm}^2$$

2）横向钢筋

$$\phi_{t,min}=\begin{cases}6\text{mm} & \text{当 } \phi_{long}\leqslant 24\text{mm}\\ \dfrac{\phi_{long}}{4} & \text{当 } \phi_{long}>24\text{mm}\end{cases}$$

$$s_{t,max}=\min(20\phi_{long},b_{min},400\text{mm})$$

钢筋沿柱周边均匀布置。如果所需的钢筋总面积为$A_{s,rqd}$，按照前面的规定，钢筋实际面积$A_{s,disp}$见表4.11。

方案2柱B2的纵向钢筋　　表4.11

楼层	$A_{s,rqd}(\text{mm}^2)$	$A_{s,min1}(\text{mm}^2)$	$A_{s,min2}(\text{mm}^2)$	$A_{s,disp}(\text{mm}^2)$	实际配筋
L-2/L-1	5581	1305	500	5892	12ϕ25
L-1/地面层	3551	1177	500	3768	12ϕ20
地面层/L1	1082	1012	500	1232	8ϕ14
L1/L2	0	838	500	904	8ϕ12
L2/L3	0	670	500	904	8ϕ12
L3/L4	0	504	500	628	8ϕ10
L4/L5	0	344	500	628	8ϕ10
L5/屋面	0	216	500	628	8ϕ10

如图4.21所示，采用封闭箍筋。根据规范规定，靠近板和搭接处的箍筋间距应减小。表4.12所示为配置箍筋区域的范围和每一区域箍筋的直径和间距。

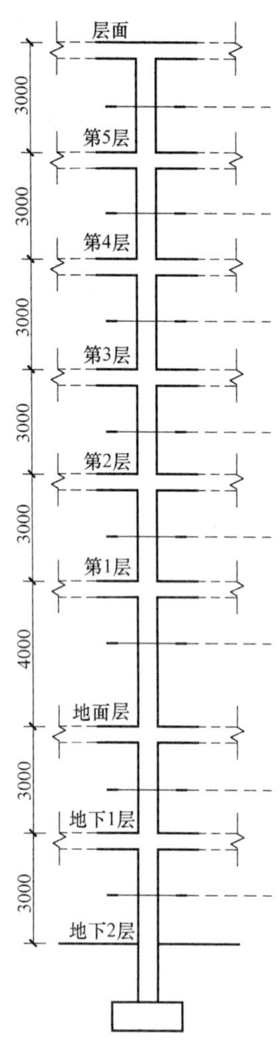

图 4.20　方案 2 柱 B2 的尺寸（单位：mm）

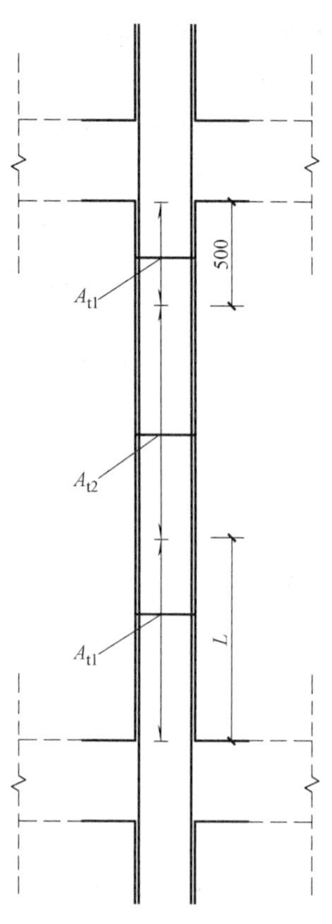

图 4.21　方案 2 柱 B2 的箍筋（单位：mm）

方案 2 柱 B2 的箍筋　　**表 4.12**

楼层	$\phi_{t,min}$ (mm)	$s_{t,max}$ (mm)	L (mm)	箍筋	
				A_{t1}	A_{t2}
L-2/L-1	8	400	1340	ϕ8@240	ϕ8@400
L-1/地面层	6	400	1340	ϕ6@240	ϕ6@400
地面层/L1	6	280	1072	2ϕ6@160	2ϕ6@280
L1/L2	6	240	751	2ϕ6@140	2ϕ6@240
L2/L3	6	240	643	2ϕ6@140	2ϕ6@240
L3/L4	6	200	643	2ϕ6@120	2ϕ6@200
L4/L5	6	200	536	2ϕ6@120	2ϕ6@200
L5/屋面	6	200	536	2ϕ6@120	2ϕ6@200

图 4.22 所示为柱最终的配筋。

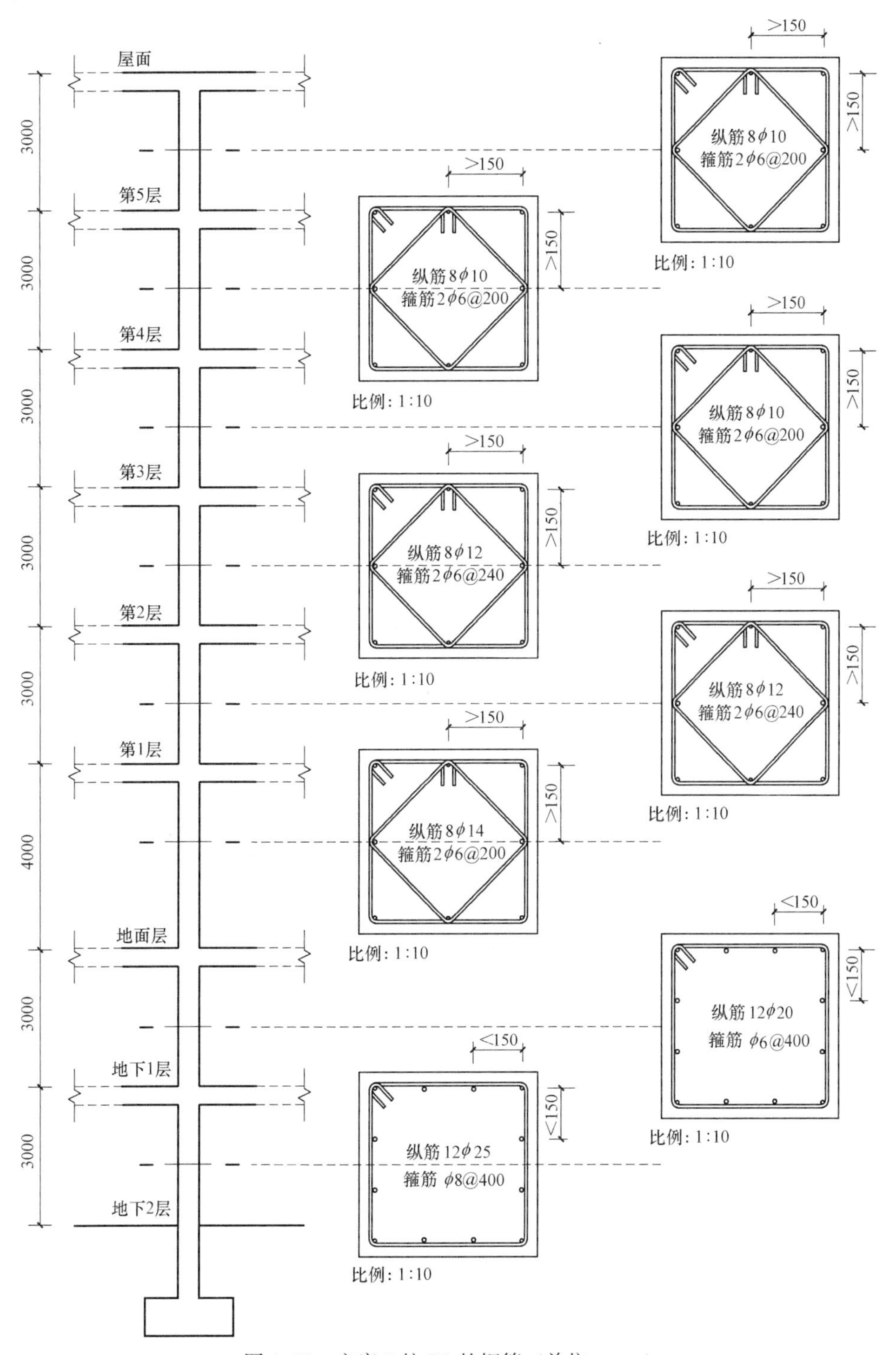

图 4.22　方案 2 柱 B2 的钢筋（单位：mm）

第 5 章

岩土方面的问题（EN 1997）

5.1 引言

欧洲规范 7 涉及了所有岩土工程设计方面的内容（建筑、桥梁和土木工程设施），可用于解决各种与基础和挡土结构有关的结构与地基（土和岩石）相互作用问题。

欧洲规范 7 可用于计算结构上的土工作用和地基承载力，同时也为完成结构项目的基础工程或纯粹的岩土工程项目提供了良好的指导。

欧洲规范 7 由以下两部分组成：

（1）EN 1997-1 土工设计——第 1 部分：一般规定（CEN，2004）。

（2）EN 1997-2 土工设计——第 2 部分：土工调查和检验（CEN，2007）。

下面的土工设计内容是对按欧洲规范 2 设计的钢筋混凝土结构的应用。

结构地上 6 层，地下 2 层，为钢筋混凝土框架结构，总长度 30.25m，宽度 14.25m，地面以上高 19m。详细情况见第 1 章。

中柱基础为方形扩展基础，基础尺寸为 $B=2\text{m}$，$L=2\text{m}$；边柱和剪力墙支承在外周宽度为 0.6m、高度为 9m 的地下连续墙上（置于两层地下停车场以下 3m），如图 1.3 所示。

经对岩土参数进行分析，需要进行下面的计算：

（1）柱 B2 扩展基础的承载力和抗滑稳定性（承载能力极限状态校核）。

（2）柱的沉降（正常使用极限状态校核）。

5.2 岩土参数

土的勘测包括土芯取样、实验室测试（如土类识别和三轴压缩试验）、现场测试（如旁压试验 MPM 和静力贯入试验 CPT）等，这些试验在岩土设计中的应用见 EN 1997-2（CEN，2007）。基础（或其他岩土结构）土性参数的合理取值是整个岩土设计中最有难度和挑战性的工作，这里不作详细论述。

欧洲规范特别是欧洲规范 7 第 1 部分中，在使用分项系数前，应首先确定材料性能特征值。图 5.1 给出了欧洲规范 7 两个部分的联系，并给出了确定特征值的方法。

定义岩土参数特征值的“原则”包含在下面论述的欧洲规范 7 第 1 部分的条款中（欧洲规范 7 第 1 部分第 2.4.5.2 款）：

“（2）P 岩土参数的特征值应按影响极限状态发生的保守估计值选取。”

“（7）[…] 控制参数通常为很大面积或体积范围内数值的平均值。特征值应取为这一平均值的保守估计值。”

欧洲规范 7 第 1 部分上述的建议说明，岩土参数应采用传统上采用的数值（没有给出确定这些参数的标准，即它通常取决于岩土工程师个人的判断）。但需要注意下面两点：

（1）提出了岩土参数“推定值”的概念（在确定特征值之前）（图 5.1）。

（2）有了明确的划分极限状态（很显然，这是一种联系传统岩土工程与新极限状态法的途径）和确定平均值（不是局部值，而是很“大”面积或很“大”体积范围的值，这是岩土工程设计的特点）的参考方法。

统计方法仅可作为一种可以使用的方法：

“（10）若采用统计方法［…］，应区分局部取样和区域取样［…］。”

“（11）若使用统计方法，特征值的推定应使低于所考虑的控制极限状态发生的较差土性值的概率不大于 5％。

需要注意的是，平均值的保守估计是选择的有限组土性参数值的平均值，置信水平为 95％；对于局部破坏，较小值的保守估计为 5％的分位数。”

为简便起见，本章假定整栋建筑物建在如下参数值的坚硬黏土上：

（1）不排水抗剪强度（按总应力）：c_u＝300kPa。

（2）总重度 γ_k＝20kN/m^3。

假定地下水位处于自然水位。

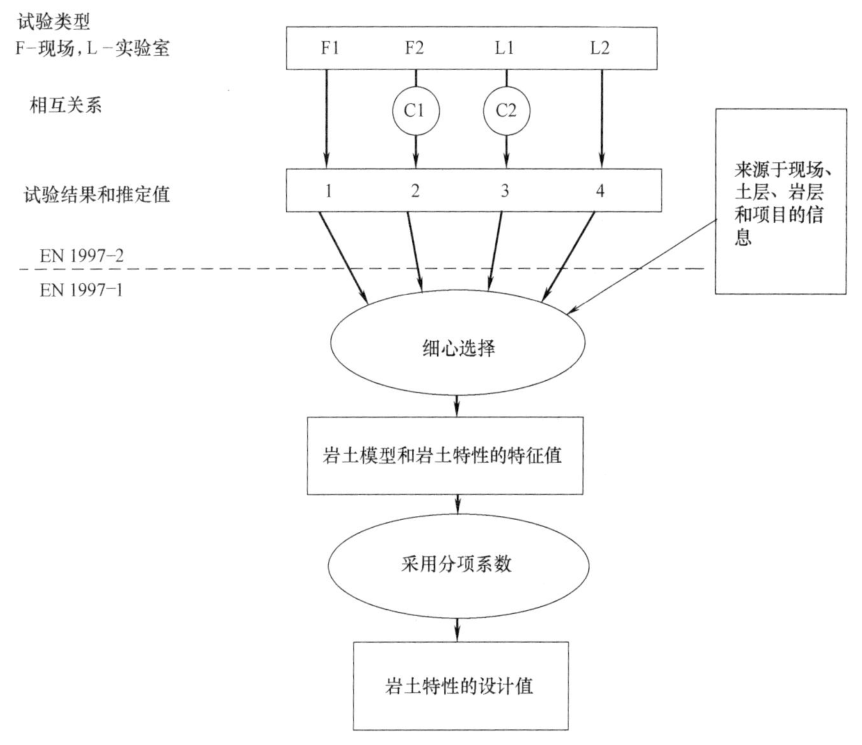

图 5.1　确定岩土特性推定值、特征值和设计值的框图（CEN，2007）

5.3　基础上的作用

5.3.1　结构和岩土作用

“结构”对基础的作用取第 2 章的结构分析结果。给出的 B2 柱承载能力极限状态（持久和短暂设计状况，即基本组合）和正常使用极限状态的力及弯矩作用于基础（厚

0.8m）的底部，见表 5.1。对于地下连续墙，必须考虑土的主动土压力、被动土压力（岩土作用）和地下水。

作用于 B2 柱基础的力和弯矩 **表 5.1**

柱 B2

情况 基础

内力作用位置 基础底部

承载能力极限状态

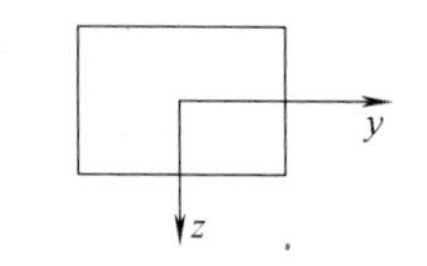

叠加	N (kN)	V_y (kN)	V_z (kN)	M_y (kN·m)	M_z (kN·m)		
组合	$1.35G+1.5Q_1+1.5\sum(\psi_0 Q_i)$					荷载工况	
						Q_1	Q_i
最大 M_y 及对应的 N、V 和 M_z	−4625.82	0.23	−4.05	4.21	−0.31	101	203～206,1356,10111
最大 M_z 及对应的 N、V 和 M_y	−4935.82	4.46	1.88	−2.43	4.45	10111	51,203～206,10111
最大 V_y 及对应的 M、N 和 V_z	−4935.82	4.46	1.88	−2.43	4.45	10111	51,203～206,10111
最大 V_z 及对应的 M、N 和 V_y	−5247.33	−2.46	2.96	−3.62	−2.08	51	10031,10101
最大 N 及对应的 V 和 M	−4516.94	−1.83	2.27	−2.73	−1.38	51	202～205
最小 M_y 及对应的 N、V 和 M_z	−5408.62	−2.48	2.96	−3.64	−2.12	51	201,1326,10031,10101
最小 M_z 及对应的 N、V 和 M_y	−5515.83	−4.65	−1.43	1.17	−4.85	10121	101,201,202,1326,10021
最小 V_y 及对应的 M、N 和 V_z	−5466.27	−4.81	1.46	−2.09	−4.70	10121	201,202,1326,10021
最小 V_z 及对应的 M、N 和 V_y	−4575.29	0.25	−4.05	4.20	−0.29	101	202～206,10111
最小 N 及对应的 V 和 M	−5805.49	−4.53	1.54	−2.36	−4.49	10031+1336	201,10121

正常使用极限状态

叠加	N (kN)	V_y (kN)	V_z (kN)	M_y (kN·m)	M_z (kN·m)		
特征组合							
组合	$1.00G+1.00Q_1+1.00\sum(\psi_0 Q_i)$					荷载工况	
						Q_1	Q_i
最大 M_y 及对应的 N、V 和 M_z	−3419.34	−0.10	−2.63	2.70	−0.45	101	203～206,1356,10111
最大 M_z 及对应的 N、V 和 M_y	−3626.00	2.72	1.31	−1.73	2.72	10111	51,203～206,10111

续表

叠加	N (kN)	V_y (kN)	V_z (kN)	M_y (kN·m)	M_z (kN·m)		
特征组合							
组合	$1.00G+1.00Q_1+1.00\Sigma(\psi_0 Q_i)$					荷载工况	
						Q_1	Q_i
最大 V_y 及对应的 M、N 和 V_z	−3626.00	2.72	1.31	−1.73	2.72	10111	51,203～206,10111
最大 V_z 及对应的 M、N 和 V_y	−3833.68	−1.89	2.04	−2.52	−1.63	51	10031,10101
最大 N 及对应的 V 和 M	−3346.75	−1.47	1.58	−1.93	−1.17	51	202～205
最小 M_y 及对应的 N、V 和 M_z	−3941.20	−1.91	2.04	−2.53	−1.66	51	201,1326,10031,10101
最小 M_z 及对应的 N、V 和 M_y	−4012.68	−3.35	−0.89	0.67	−3.48	10121	101,201,202,1326,10021
最小 V_y 及对应的 M、N 和 V_z	−3979.64	−3.45	1.04	−1.50	−3.38	10121	201,202,1326,10021
最小 V_z 及对应的 M、N 和 V_y	−3385.65	−0.08	−2.63	2.69	−0.44	101	202～206,10111
最小 N 及对应的 V 和 M	−4205.78	−3.27	1.09	−1.68	−3.23	10031 +1336	201,10121
准永久组合							
组合	$1.00G+1.00\Sigma(\psi_2 Q_i)$					荷载工况	
						Q_1	
最大 M_y 及对应的 N、V 和 M_z	−3396.43	−0.60	0.63	−1.04	−0.60	1356,10111	
最大 M_z 及对应的 N、V 和 M_y	−3499.06	1.28	0.68	−1.11	1.18	10011,10111	
最大 V_y 及对应的 M、N 和 V_z	−3499.06	1.28	0.68	−1.11	1.18	10011,10111	
最大 V_z 及对应的 M、N 和 V_y	−3562.90	−2.71	0.82	−1.31	−2.64	10031,10101	
最大 N 以及对应的 V 和 M	—	—	—	—	—	不适用	
最小 M_y 及对应的 N、V 和 M_z	−3606.55	−2.83	0.92	−1.39	−2.73	1326,10031,10101	
最小 M_z 及对应的 N、V 和 M_y	−3676.67	−3.32	0.95	−1.35	−3.16	1326,10021,10121	

5.3.2　欧洲规范 7 中的三种设计方法

当验算持久状况和短暂状况（基本组合）的 STR/GEO 承载能力极限状态时，欧洲规范 EN 1990 和 EN 1997-1（欧洲规范 7——第 1 部分；CEN，2004）提供了三种设计方法（DA）。对于每种岩土结构，选用哪种方法由国家应用文件决定。

对于扩展基础和挡土结构的承载力，这些方法总结如下。

5.3.2.1 设计方法 1（DA1）

采用两种组合（DA1-1 和 DA1-2），应验算两种组合下地基均未达到承载能力极限状态。

组合 1（DA1-1）称为“结构组合”，因为安全性体现在作用分项系数上（即将荷载分项系数 $\gamma_F \geqslant 1.0$ 乘在作用上），而地基承载力 R_d 设计值是根据材料特征值确定的。

根据 EN 1990 表 A2.4（B）的注释 2 针对式（6.10）给出的建议值：

$$E_d\{\gamma_F F_{rep}\} \leqslant R_d\{X_k\} \tag{5.1}$$

式中，γ_F 取 $\gamma_{G,sup}=1.35$，$\gamma_{G,inf}=1.00$，$\gamma_{G,set}=1.35$、1.20 或 0，$\gamma_Q=1.20\sim1.50$ 或 0。

组合 2（DA1-2）称为“岩土组合”，因为安全性通过材料分项系数 $\gamma_M>1.0$ 体现在地基承载力 R_d 上，即用于岩土参数本身。不利的永久作用（“结构”或“岩土”）不采用分项系数。需要说明的是，对于桩和锚碇承载力，采用抗力系数 γ_R 而不采用材料系数 γ_M。

根据 EN 1990 表 A2.4（C）的注释针对式（6.10）给出的建议值：

$$E_d\{\gamma_F F_{rep}\} \leqslant R_d\{X_k/\gamma_M\} \tag{5.2}$$

式中，γ_F 取 $\gamma_{G,sup}=1.00$，$\gamma_{G,inf}=1.00$，$\gamma_{G,set}=1.00$ 或 0，$\gamma_Q=1.15\sim1.30$ 或 0。

表 5.2 汇总了建议用于 DA1-1（A1 组）和 DA1-2（A2 组）的荷载系数值。

荷载分项系数（γ_F）或作用效应分项系数（γ_E）（EN 1997-1 表 A.3）　　表 5.2

作用		符号	分组	
			A1	A2
永久	不利	γ_G	1.35	1.0
	有利		1.0	1.0
可变	不利	γ_Q	1.5	1.3
	有利		0	0

DA1-2 中用于“岩土”作用和抗力的分项系数 γ_M 的建议值为表 5.3 中的 M2 组（桩和锚碇的抗力除外）。

岩土参数分项系数（γ_M）（EN 1997-1 表 A.4）　　表 5.3

土参数	符号	分组	
		M1	M2
内摩擦角*	$\gamma_{\varphi'}$	1.0	1.25
有效黏聚力	$\gamma_{c'}$	1.0	1.25
不排水抗剪强度	γ_{cu}	1.0	1.4
无侧限强度	γ_{qu}	1.0	1.4
密度	γ_γ	1.0	1.0

注：* 系数用于 $\tan\varphi'$。

5.3.2.2 设计方法 2（DA2 和 DA2*）

只采用一种组合验算基础未达到承载能力极限状态。安全性体现在作用和抗力上。在作用方面，分项系数可乘以作用本身（DA2，系数 γ_F）或作用效应（DA2*，系数 γ_E）

上。所以

（1）对于DA2：

$$E_d\{\gamma_F F_{rep}\} \leqslant R_d\{X_k\}/\gamma_R \quad (5.3)$$

（2）对于DA2*：

$$\gamma_E E_d\{F_{rep}\} \leqslant R_d\{X_k\}/\gamma_R \quad (5.4)$$

γ_E 和 γ_F 的建议值见EN 1990表A2.4（B）对式（6.10）的注释2：

$\gamma_{G,sup}=1.35$，$\gamma_{G,inf}=1.00$，$\gamma_{G,set}=1.35$、1.20或0，$\gamma_Q=1.20\sim1.50$ 或0。

扩展基础和挡土墙结构的抗力分项系数建议值见表5.4和表5.5中R2组。

扩展基础的抗力分项系数（γ_R）（EN 1997-1表A.5）　　表5.4

抗力	符号	分组		
		R1	R2	R3
承载力	$\gamma_{R,v}$	1.0	1.4	1.0
抗滑稳定性	$\gamma_{R,h}$	1.0	1.1	1.0

挡土墙结构的抗力分项系数（γ_R）（EN 1997-1表A.13）　　表5.5

抗力	符号	分组		
		R1	R2	R3
承载力	$\gamma_{R,v}$	1.0	1.4	1.0
抗滑稳定性	$\gamma_{R,h}$	1.0	1.1	1.0
地基承载力	$\gamma_{R,e}$	1.0	1.4	1.0

5.3.2.3　设计方法3（DA3）

只采用一种组合验算地基未达到承载能力极限状态。通过考虑岩土参数本身和材料分项系数 $\gamma_M>1.0$，安全性体现在作用（系数 γ_F）和岩土抗力 R_d 上。表示为：

$$E_d\{\gamma_F F_{rep}, X_k/\gamma_M\} \leqslant R_d\{X_k/\gamma_M\} \quad (5.5)$$

作用的建议值如下：

（1）对于“结构”上的作用，根据EN 1990表A2.4（B）对式（6.10）的注释2：

$\gamma_{G,sup}=1.35$，$\gamma_{G,inf}=1.00$，$\gamma_Q=1.20\sim1.50$ 或0。

（2）对于“岩土”作用，根据EN 1990表A2.4（C）对式（6.10）的注释：

$\gamma_{G,sup}=1.00$，$\gamma_{G,inf}=1.00$，$\gamma_{G,set}=1.00$ 或0，$\gamma_Q=1.15\sim1.30$ 或0。

岩土参数分项系数 γ_M 的建议值见表5.3的M2组。

5.3.2.4　设计方法DA1、DA2和DA3概要（“基本”组合）

对于扩展基础和挡土墙结构，持久和短暂状况承载能力极限状态按A、M和R列于表5.2～表5.5中的三种设计方法简述如下（“+”表示“组合”）：

（1）设计方法1（DA1）

组合1：A1“+”M1“+”R1。

组合2：A2“+”M2“+”R1。

（2）设计方法2（DA2）

组合：A1“+”M1“+”R2。

（3）设计方法 3（DA3）

组合：（A1① 或 A2②）“+”M2“+”R3。

轴向荷载下桩和锚碇的设计见 EN 1997-1（CEN，2004）。

5.4 柱 B2 基础的设计

5.4.1 承载力（承载能力极限状态）

承载能力极限状态条件是［EN 1997-1 的式（6.1）］：

$$N_d \leqslant R_d \tag{5.6}$$

式中 N_d——由结构作用和岩土作用产生的作用于基础底部的轴向分量设计值；

R_d——基础底部以下地基承载力设计值。

5.4.1.1 地基承载力

地基承载力 R 按 EN 1997-1（CEN，2004）附录 D 给出的算例计算（见本书附录 A）。

对于本例的不排水情况（$\alpha=0$，$q=0$），R 可表示为

$$R=A'(\pi+2)c_u s_c i_c \tag{5.7}$$

其中

$$A'=B'L'=(B-2e_B)(L-2e_L)$$

$$s_c=1+0.2B'/L'$$

$$i_c=\frac{1}{2}\left(1+\sqrt{1-\frac{H}{A'c_u}}\right)$$

式中 H——水平合力（V_y 和 V_z 的合力）。

偏心距按下列公式计算：

（1）横向（B）：　$e_B=M_y/N$

（2）纵向（L）：　$e_L=M_z/N$

计算 e_B、e_L、s_c 和 i_c 时，设计值 N_d、V_{yd}、V_{zd} 和 M_{zd}、M_{yd} 与采用的设计方法有关。所以抗力与荷载有关，这些在岩土工程中很常见（正因为如此，有必要针对作用的有利值和不利值进行计算）。

对于每种设计方法，c_u 的分项系数 γ_M 和承载力 R 的分项系数 $\gamma_{R,v}$ 分别取表 5.3 和表 5.4 中的建议值。

对于设计方法 DA1-1、DA2 和 DA3，N_d、V_{yd}、V_{zd}、M_{zd} 和 M_{yd} 见表 5.1（由组合 A1 得到，见表 5.2）。作用的控制组合取 N_d 为最大值的组合：

$N_d=5.81\ \text{MN}$　　$V_{yd}=-4.53\times10^{-3}\text{MN}$　　$V_{zd}=-1.54\times10^{-3}\text{MN}$

---

① 结构上的作用。

② 岩土作用。

$M_{yd}=-2.36\times10^{-3}\mathrm{MN\cdot m}$　$M_{zd}=-4.49\times10^{-3}\mathrm{MN\cdot m}$　$H_d=4.78\times10^{-3}\mathrm{MN\cdot m}$
其中 H_d 为 V_{yd} 和 V_{zd} 产生的合力矩。基础上的水平力和力矩可忽略不计。

对于设计方法 DA1-2，这些荷载应除以 1.11～1.35 的系数，这取决于永久荷载 G 与可变荷载 Q 的比值。

对于设计方法 DA1-1、DA2 和 DA3：

$e_B=4.1\times10^{-4}\mathrm{m}$，$e_L=7.8\times10^{-4}\mathrm{m}$，$B'\approx B$，$L'\approx L$，$s_c=1.2$。

采用不同的设计方法，修正系数 i_{ce} 和总抗力 R 的系数 γ_M（对 c_u）和 $\gamma_{R,v}$ 也不同（表 5.3 和表 5.4）。

5.4.1.2　设计方法 1

组合 DA1-1：$\gamma_M=1.0$；$\gamma_{R,v}=1.0$

所以　$c_{ud}=300\mathrm{kPa}$，$s_c\approx1.2$，$i_c\approx1$

$$R_d=\frac{4\times5.14\times1.2\times1\times300\times10^{-3}}{1.0}=7.4\mathrm{MN}$$

满足 $N_d\leqslant R_d$。

组合 DA1-2：$\gamma_M=1.4$，$\gamma_{R,v}=1.0$

所以　$c_{ud}=300/1.4=214\mathrm{kPa}$，$s_c\approx1.2$，$i_c\approx1$

$$R_d=\frac{4\times5.14\times1.2\times1\times214\times10^{-3}}{1.0}=5.28\mathrm{MN}$$

假设 N_d 等于组合 A1-1 的 N_d 除以 1.11，则 $N_d=5.23\ \mathrm{MN}$，$N_d\leqslant R_d$，满足要求。

因此，按照设计方法 DA1，该基础地基的承载力是安全的。

5.4.1.3　设计方法 2 和设计方法 3

设计方法 2 和设计方法 3 的安全水平是相同的，因为系数 γ_M 和 $\gamma_{R,v}$ 中的一个为 1.4 时另一个则为 1.0。

$$R_d=\frac{4\times5.14\times1.2\times1\times300\times10^{-3}}{1.4}=5.28\mathrm{MN}$$

$N_d\leqslant R_d$ 不成立，不满足要求。

基础的尺寸为：

$$A'=\frac{1.4N_d}{(\pi+2)c_u s_c i_c}=4.39$$

即 $B=L=2.10\mathrm{m}$。这与假定的 $B=2.0\mathrm{m}$ 相差不大。

5.4.2　抗滑稳定性（承载能力极限状态）

基本公式［EN 1997-1 中的式（6.2）］为

$$H_d\leqslant R_d+R_{p,d} \tag{5.8}$$

式中　H_d——作用于基础底部荷载的水平分量；

$R_{p,d}$——扩展基础前的被动土压力，为简便起见，这里不考虑被动土压力，因为考虑被动土压力的前提是土体必须与基础前端紧密接触并挤压密实，而实际情况并非如此；

R_d——抗滑力，不排水情况下按下式计算［EN 1997-1 的式（6.4a）和式（6.4b）］：

$$R_d = \{A'_{cu}/\gamma_M\}/\gamma_{R,h} \tag{5.9}$$

γ_M、$\gamma_{R,h}$——分项系数，对于持久和短暂设计状况的每种设计方法，取表 5.3 和表 5.5 中的建议值。

对于地基承载力，不排水条件下的抗滑力也取决于荷载的值（通过 $A'=B'L'$，该式取决于偏心距），排水条件下的抗滑力与竖向荷载成正比，因此竖向荷载是有利荷载，其设计值应采用有利荷载的系数确定。

持久和短暂设计状况下 H_d 的最大值（基本组合）为（表 5.1）：

$$H_d = 5.03\text{kN}(很小)$$

同时

$M_{yd} \approx -2.09\times10^{-3}\text{MN}\cdot\text{m}$，$M_{zd}\approx -4.70\times10^{-3}\text{MN}\cdot\text{m}$，$N_d\approx 5.5\text{MN}$（对 DA1-1，DA2 和 DA3）。

忽略偏心距 e_B 和 e_L，并且取 $B'\approx B$，$L'\approx L$，则 $A'\approx BL\approx 4\text{m}^2$。

5.4.2.1 设计方法 1

组合 DA1-1：$\gamma_M=1.0$，$\gamma_{R,h}=1.0$。

因此 $c_{ud}=300\text{kPa}$，$R_d=\frac{4\times0.300}{1.0}=1.2\text{MN}$，$H_d\leqslant R_d$，满足要求。

组合 DA1-2：$\gamma_M=1.4$，$\gamma_{R,h}=1.0$。

因此 $c_{ud}=\frac{300}{1.4}=214\text{kPa}$，$R_d=\frac{4\times0.214}{1.0}=0.86\text{MN}$，$H_d<5.03\text{kN}$，$H_d\leqslant R_d$，满足要求。

按照设计方法 DA1，该基础的抗滑稳定性是安全的。

5.4.2.2 设计方法 2

此时 $\gamma_M=1.0$，$\gamma_{R,h}=1.1$。

因此 $c_{ud}=300\text{kPa}$，$R_d=\frac{4\times0.300}{1.1}=1.09\text{MN}$，$H_d\leqslant R_d$，满足要求。

5.4.2.3 设计方法 3

此时 $\gamma_M=1.4$，$\gamma_{R,h}=1.0$。

因此 $c_{ud}=\frac{300}{1.4}=214\text{kPa}$，$R_d=\frac{4\times0.214}{1.0}=0.86\text{MN}$，$H_d\leqslant R_d$，满足要求。

5.5 关于沉降的讨论（正常使用极限状态）

5.5.1 补偿基础

该建筑的总重量小于为建造停车场而挖除的土的重量。

假定土的重度为 $\gamma=20\text{kN/m}^3$，地基开挖面的初始压力约为 $(3\times20)\ \text{kN/m}^3=60\text{kPa}$。因为施工只是回填一些开挖的土，建筑物的沉降有限。这种基础称为“补偿基础”，实际中的沉降可忽略。然而，为了说明问题，下面按各种假定估算最大可能沉降量。

沉降通常是对正常使用极限状态下由准永久荷载组合得到的竖向荷载 Q 的校核。对于B2柱，由表5.1得 $Q=4.2\text{MN}$，相应作用于地基的压力为：

$$q=\frac{Q}{BL}=\frac{4.2}{2\times2}=1.05\text{MPa}$$

5.5.2 基于Ménard旁压法结果的计算

欧洲规范7-第2部分（EN 1997-2）的信息性附录提供了几种确定扩展基础沉降的方法。下面采用EN 1997-2（CEN，2002）附录E.2中的Ménard旁压法（MPM）进行计算。

沉降量计算公式为：

$$s=(q-\sigma_{v0})\times\left[\frac{2B_0}{9E_d}\times\left(\frac{\lambda_d B}{B_0}\right)^{\alpha}+\frac{\alpha\lambda_c B}{9E_c}\right] \tag{5.10}$$

本例中 $q=1.05\text{MPa}$；为简单起见，假定土保持其初始自然状态的简单荷载（不因开挖而卸载），则 $\sigma_{v0}=0$；$B=2\text{m}$，$B_0=0.6\text{m}$。

对于方形基础，$\lambda_d=1.12$，$\lambda_c=1.1$；对于超固结土，式（5.10）的指数取为 $\alpha=1.0$。

假定Ménard旁压模量沿深度不变，对于超固结土，其最小值为极限压力的16倍，而每一极限压力大致为 $9c_u$（c_u 为土不排水抗剪强度，见Frank，1999和Baguelin等，1978）。所以

$$E_M\approx(9\times16)c_u=144\times300\times10^{-3}=43\text{MPa}$$

$$E_d=E_c=43\text{MPa}$$

$$\begin{aligned}s_{B2}&=(1.05-0.00)\times\left(\frac{2\times0.6\times1.12\times2}{9\times43\times0.6}+\frac{1\times1.1\times2}{9\times4.3}\right)\\&=1.05\times(0.0116+0.0057)\\&=0.017\text{m}=17\text{mm}\end{aligned}$$

两柱之间的跨度为 $L=6\text{m}$，假定沉降差为 $\delta_s=s_{B2}/2$，则相对转角为：

$$b=\frac{s_{B2}}{2L}=\frac{8.5}{6000}=1.4\times10^{-3}$$

EN 1997-1的附录H（信息性附录）规定，大多数情况下建筑物的相对转角小于 $\beta=1/500=2\times10^{-3}$ 时是可以接受的。该建筑如同建造在保持其初始荷载状态的硬质黏土上（完全未开挖），沉降差是完全可以接受的。

此外，还可作一些保守的假定，如黏土的刚度随深度而增加。

5.5.3 拟弹性方法

EN 1997-1(CEN，2004）允许使用下面的拟弹性方法计算结构沉降：

$$s=\frac{qBf}{E_m} \tag{5.11}$$

式中　E_m——弹性模量设计值。

该方法假定可用一个等效的弹性模量描述受荷载影响的地基和修正的变形，难点在于估计等效弹性模量 E_m。在新加坡的坎宁堡隧道工程中（2011），Mair 通过对建筑筏基础沉降的反演分析，采用了不排水模量 E_u 的值，对于硬质黏土取 $E_u \approx 500\text{MPa}$。需要说明的是，新加坡黏土的不排水抗剪强度为 $c_u > 150\text{kPa}$。

E_u 的值与旁压试验卸载-再加载得到的模量和相同黏土平板荷载试验得到的模量相同。因此，E_u 为 Ménard 旁压试验“首次加载”模量 E_M 的 10 倍。

由弹性计算［式（5.11）］得到：

$$s_{B2} = \frac{1.05 \times 2.0 \times 0.66}{500} = 0.0028 = 2.8\text{mm}$$

该沉降量远小于由 Ménard 经验公式［式（5.10）］按首次加载的 Ménard 模量求得的沉降量，这一结果似乎更为真实，因为弹性方法更适合黏土的再加载阶段（开挖后）。证明在实际中这种“补偿”基础的沉降可忽略。

参 考 文 献

［1］ Baguelin F，Jézéquel J F，Shields D H. The Pressuremeter and Foundation Engineering. Trans Tech Publications，Clausthal，Germany，1978.

［2］ CEN 2002. Eurocode：Basis of Structural Design. EN 1990：2002. European Committee for Standardization（CEN）：Brussels.

［3］ CEN 2004. Eurocode 7：Geotechnical Design-Part 1：General Rules. EN 1997-1：2004（E），November 2004，European Committee for Standardization：Brussels.

［4］ CEN 2007. Eurocode 7：Geotechnical Design-Part 2：Ground Investigation and Testing. EN1997-2：2007（E），March 2007，European Committee for Standardization：Brussels.

［5］ Frank R. Calcul des fondations superficielles et profondes，Presses de l' Ecole des ponts et Techniques de l' ingénieur. Paris，1999.

［6］ MELT-Ministère de l'Equipement，du logement et des transports. Règles Techniques de Conception et de Calcul des Fondations des Ouvrages de Génie Civil（in French：Technical Rules for the Design of Foundations of Civil Engineering Structures）. Cahier des clauses techniques générales applicables aux marchés publics de travaux，FASCICULE N°62 -Titre V，Textes Officiels N° 93-3 T. O.，182 pages.

第 6 章

基于欧洲规范 EN 1992-1-2 的抗火设计

6.1 引言

火对建筑有绝对的危害，需要尽可能避免和抵抗火灾。在建筑物生命周期（建造、维护、改造或拆除）内，任何部位、任何阶段都有可能发生火灾。

本章的目的是通过一个混凝土结构的实例，说明根据欧洲规范（EN 1990、EN 1991-1-2 和 EN 1992-1-2）进行抗火设计的一般方法，分析了三种混凝土构件（柱、梁和板）火灾下的承载力。本章并未涉及整个结构的全部分析。

EN 1990 为结构设计的基础，EN 1991-1-2 阐述了火灾和力学作用下建筑结构的设计，EN 1992-1-2 阐述了暴露于火灾的偶然状况下混凝土结构的设计原则、要求和规定，包括安全要求、设计方法和设计辅助工具。EN 1991-1-2 和 EN 1992-1-2 应结合 EN 1991-1-1 与 EN 1992-1-1 使用。

本章抗火设计采用了规定的方法（不同于基于性能的规范），即采用名义火灾得到用标准温度-时间曲线（EN 1991-1-2 中的第 3 章 ）表示的温度作用。

抗火性定义为“结构、结构的一部分或一个构件在规定的荷载水平、规定的火灾暴露条件和规定的时间段内完成其功能（承载能力和阻止火蔓延）的能力”。

可采用 EN 1992-1-2 给出的方法进行设计，因为结构的混凝土材料是强度等级低于 C90/105 的普通混凝土。

本章设计采用的 EN 1992-1-2 中的方法包括：

（1）查表方法（EN 1992-1-2，第 5 节）；

（2）简化计算方法（EN 1992-1-2，第 4 节）。

EN 1992-1-2 以注释的形式说明了不同国家进行选择时可采用的替代方法、数值和等级的建议。因此，使用 EN 1992-1-2 的国家标准应有一个国家附录，该附录不仅包括欧洲规范用于建筑结构设计要求的国家层面确定的参数，以及对于要建造的土木工程结构何处作出要求和何处是适用的。本例选用的是法国的国家附录。

6.2 结构参数

6.2.1 结构概况

所分析的结构为第 1 章 1.2.1 节描述的结构。平面图和竖向剖面图如图 6.1～图 6.4 所示。梁、柱和板的主要尺寸包括：

（1）轴线②上的梁为 T 形截面连续梁，其有效宽度已在有关极限状态设计（ULS-SLS）的章节确定。跨中有效宽度 b_{eff} 为 2.6m，在内支座处有效宽度为 1.83m。连续梁的长度 L_{beam} 为 7.125m；腹板宽度 b_w 为 0.25m，楼板的厚度 h_{slab} 为 0.18m，梁高 h_{beam} 为 0.40m。

（2）地下 2 层 B2 柱的高度为 4m。前面有关极限承载状态设计章节的计算中得到该

柱的有效高度 $l_{0,\mathrm{column}}$ =3.1m。常温下柱的长细比 $\lambda_{\mathrm{column}}$ 为 22.5。柱截面边长为 0.5m，截面面积 $A_{\mathrm{c,column}}$ 为 0.25m^2。

（3）梁上的板（A1B2）为一等厚的双向板（h_{slab} =0.18m）。板 x 方向的宽度 l_x = 6m，y 方向的宽度 l_y =7.125m。

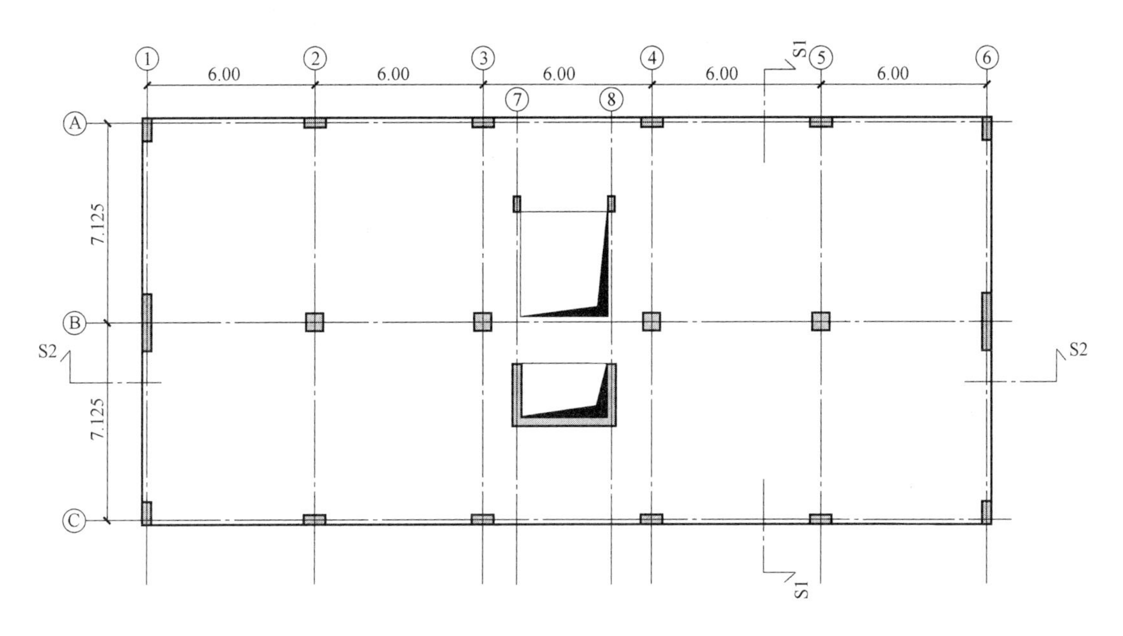

图 6.1　梁上板的平面图（单位：m）

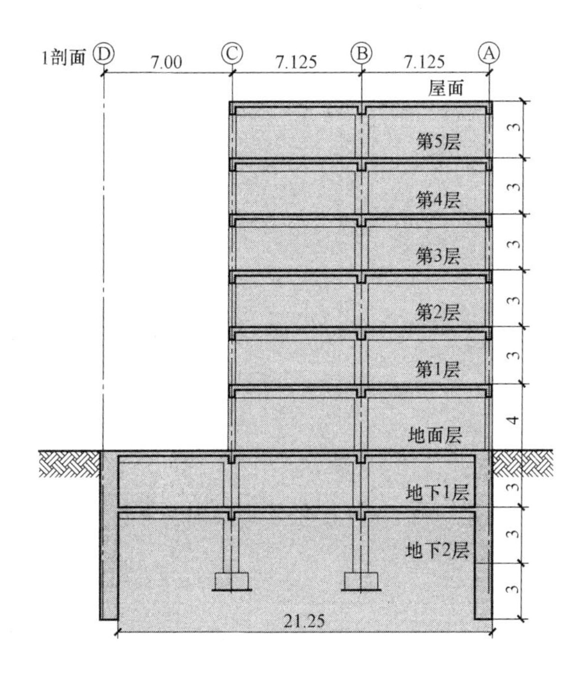

图 6.2　结构 1-1 剖面（单位：m）

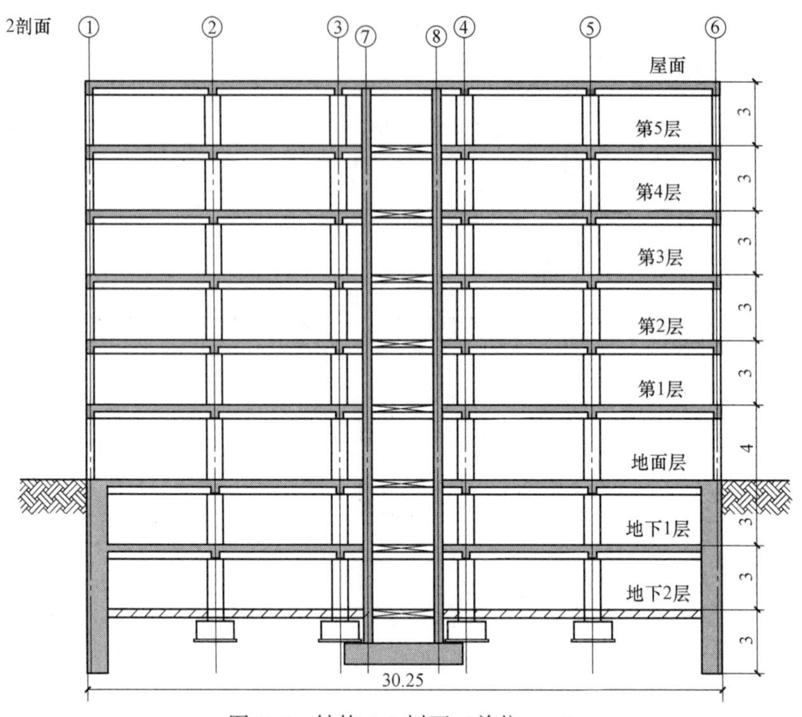

图 6.3　结构 2-2 剖面（单位：m）

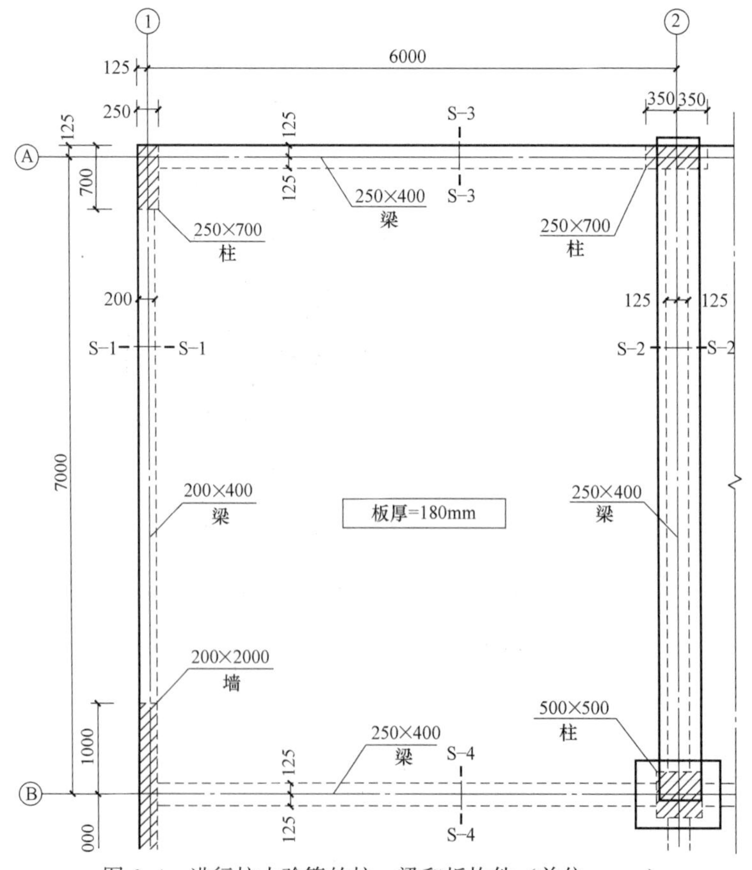

图 6.4　进行抗火验算的柱、梁和板构件（单位：mm）

6.2.2　材料力学性能

6.2.2.1　概述

使用简化和高级计算方法时，材料特性值采用特征值。EN 1992-1-1 给出了常温设计时混凝土和钢筋的力学性能。

火灾下材料的力学性能（强度和变形）的设计值按下式确定：

$$X_{d,fi}=k_{\theta}X_{k}/\gamma_{M,fi} \tag{6.1}$$

式中　X_k——EN 1992-1-1 规定的常温下强度和变形性能的特征值；

k_{θ}——强度或变形依赖于材料温度的折减系数，$X_{k,\theta}/X_k$；

$\gamma_{M,fi}$——火灾条件下相关材料性能的分项系数。

对于混凝土和钢筋的高温和力学性能，$\gamma_{M,fi}$ 取 1。

表 6.1 列出了每种构件混凝土和钢筋的等级（见第 1 章）。

构件混凝土和钢筋等级　表 6.1

板	梁	柱
C25/30	C25/30	C30/37
500 级 B 类	500 级 B 类	500 级 B 类

暴露等级为 XC2-XC1。由于欧盟国家选择的不一致性，不针对某一国家的特定条件，混凝土保护层名义厚度 c_{nom} 取 30mm（见第 1 章）。

6.2.2.2　混凝土

假定使用的混凝土是用硅酸盐骨料制作的。EN 1992-1-2 第 3 章用应力-应变关系给出了高温下轴压混凝土的强度和变形性能。该关系用两个参数描述：抗压强度 $f_{c,\theta}$ 和对应于 $f_{c,\theta}$ 的应变 $\varepsilon_{c1,\theta}$。表 6.2 中给出了不同温度 θ 下这两个参数的值。

图 6.5 给出了混凝土强度折减系数与材料温度 θ 的关系。高温下混凝土的受压应力-应变关系为：

$$\sigma(\theta)=\frac{3\varepsilon f_{c,\theta}}{\varepsilon_{c1,\theta}\left[2+\left(\frac{\varepsilon}{\varepsilon_{c1,\theta}}\right)^{3}\right]} \quad (\varepsilon<\varepsilon_{c1,\theta}) \tag{6.2}$$

对于 $\varepsilon_{c1,\theta}<\varepsilon<\varepsilon_{cu1,\theta}$，采用下降的曲线。

硅质骨料普通混凝土应力-应变关系的主要参数（EN 1992-1-2 第 3 章的表 3.1）　表 6.2

θ(℃)	$f_{c,\theta}/f_{ck}$	$\varepsilon_{c,\theta}$	$\varepsilon_{c1,\theta}$
20	1.00	0.0025	0.0200
100	1.00	0.0040	0.0225
200	0.95	0.0055	0.0250
300	0.85	0.0070	0.0275
400	0.75	0.0100	0.0300
500	0.60	0.0150	0.0325
600	0.45	0.0250	0.0350

续表

θ(℃)	$f_{c,\theta}/f_{ck}$	$\varepsilon_{c,\theta}$	$\varepsilon_{c1,\theta}$
700	0.30	0.0250	0.0375
800	0.15	0.0250	0.0400
900	0.08	0.0250	0.0425
1000	0.04	0.0250	0.0450
1100	0.01	0.0250	0.0475
1200	0.00	—	—

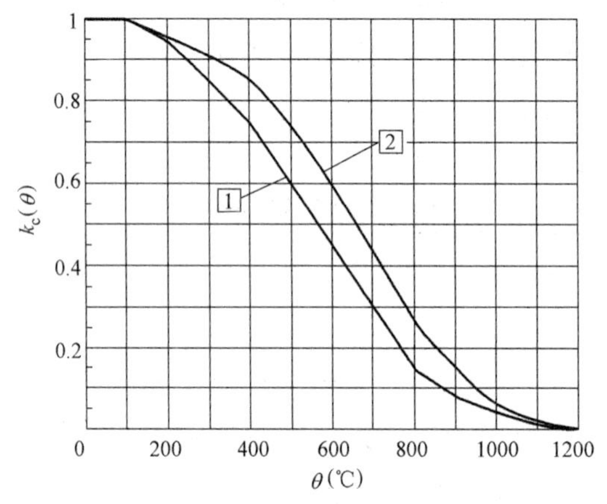

图 6.5　混凝土强度 f_{ck} 的折减系数 $k_c(\theta)$

1—硅质骨料；2—钙质骨料

6.2.2.3　钢筋

使用的钢筋为冷加工钢筋。高温下钢筋的强度和变形特性可从 EN 1992-1-2 第 3 章由 3 个参数表示的应力-应变关系得到。这 3 个参数是：线弹性范围的斜率 $E_{s,\theta}$、比例极限 $f_{sp,\theta}$ 和最大应力 $f_{sy,\theta}$。不同温度 θ 下这些参数的值见表 6.3。

高温下冷加工钢筋应力-应变关系的主要参数（EN 1992-1-2 第 3 章的表 3.2a）　表 6.3

θ(℃)	$f_{sy,\theta}/f_{yk}$	$E_{s,\theta}/E_S$
20	1.00	1.00
100	1.00	1.00
200	1.00	0.87
300	1.00	0.72
400	0.94	0.56
500	0.67	0.40
600	0.40	0.24
700	0.12	0.08
800	0.11	0.06
900	0.08	0.05
1000	0.05	0.03
1100	0.03	0.02
1200	0.00	0.00

高温下钢筋的应力-应变关系见表 6.4。

EN 1992-1-2 第 3 章的高温下钢筋的应力-应变关系　　表 6.4

应变	应力 $\sigma(\theta)$	切线模量
$\varepsilon_{sp,\theta}$	$\varepsilon E_{s,\theta}$	$E_{s,\theta}$
$\varepsilon_{sp,\theta} \leqslant \varepsilon \leqslant \varepsilon_{sy,\theta}$	$f_{sp,\theta} - c + (b/a)[a^2 - (\varepsilon_{sy,\theta} - \varepsilon)^2]^{0.5}$	$\dfrac{b(\varepsilon_{sy,\theta} - \varepsilon)}{a[a^2 - (\varepsilon - \varepsilon_{sy,\theta})^2]^{0.5}}$
$\varepsilon_{sy,\theta} \leqslant \varepsilon \leqslant \varepsilon_{st,\theta}$	$f_{sy,\theta}$	0
$\varepsilon_{st,\theta} \leqslant \varepsilon \leqslant \varepsilon_{su,\theta}$	$f_{sy,\theta}[1 - (\varepsilon - \varepsilon_{st,\theta})/(\varepsilon_{su,\theta} - \varepsilon_{st,\theta})]$	—
$\varepsilon = \varepsilon_{su,\theta}$	0.00	—
参数	$\varepsilon_{sp,\theta} = f_{sp,\theta}/E_{s,\theta}$，$\varepsilon_{st,\theta} = 0.02$，$\varepsilon_{st,\theta} = 0.15$，$\varepsilon_{su,\theta} = 0.20$ A 类钢筋：$\varepsilon_{st,\theta} = 0.05$，$\varepsilon_{su,\theta} = 0.10$	
公式	$a^2 = (\varepsilon_{sy,\theta} - \varepsilon_{sp,\theta})(\varepsilon_{sy,\theta} - \varepsilon_{sp,\theta} + c/E_{s,\theta})$ $b^2 = c(\varepsilon_{sy,\theta} - \varepsilon_{sp,\theta})E_{s,\theta} + c^2$ $c = \dfrac{(f_{sy,\theta} - f_{sp,\theta})^2}{(\varepsilon_{sy,\theta} - \varepsilon_{sp,\theta})E_{s,\theta} - 2(f_{sy,\theta} - f_{sp,\theta})}$	

6.2.3　材料的物理和热性能

欧洲规范 EN 1992-1-2 第 3 章描述了混凝土热和物理性能随温度 θ 和其他变量的变化。不同于导热系数，热应变 $\varepsilon_c(\theta)$、比热容 $C_p(\theta)$ 和密度 $\rho(\theta)$ 不是由国家附录确定的参数。

6.2.3.1　混凝土和钢筋的热应变

（1）混凝土

温度 θ 下硅酸盐混凝土的应变 $\varepsilon_c(\theta)$ 为（图 6.6）：

$$\varepsilon_c(\theta) = -1.8 \times 10^{-4} + 9 \times 10^{-6}\theta + 2.3 \times 10^{-11}\theta^3 \quad (20℃ \leqslant \theta \leqslant 700℃) \tag{6.3}$$

$$\varepsilon_c(\theta) = 14 \times 10^{-3} \quad (700℃ < \theta \leqslant 1200℃) \tag{6.4}$$

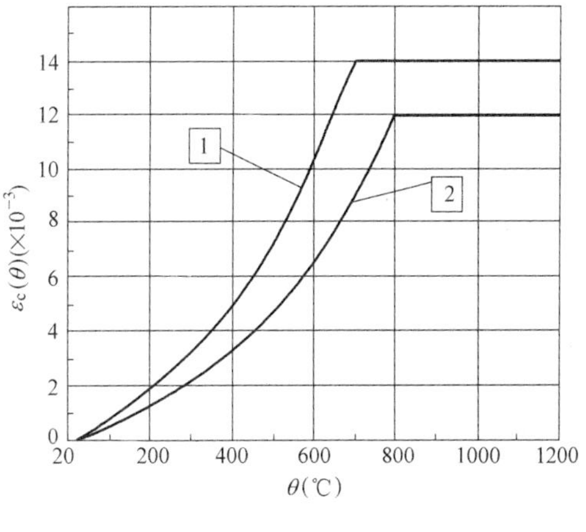

图 6.6　混凝土应变 $\varepsilon_c(\theta)$

1—硅质骨料；2—钙质骨料

（2）钢筋

温度 θ 下钢筋的应变 $\varepsilon_s(\theta)$ 为（图 6.7）：

$$\varepsilon_s(\theta)=-2.416\times10^{-4}+1.2\times10^{-5}\theta+0.4\times10^{-8}\theta^2 \quad (20℃\leqslant\theta\leqslant750℃) \quad (6.5)$$

$$\varepsilon_s(\theta)=11\times10^{-3} \quad (750℃<\theta\leqslant860℃) \quad (6.6)$$

$$\varepsilon_s(\theta)=-6.2\times10^{-3}+2\times10^{-5}\theta \quad (860℃<\theta\leqslant1200℃) \quad (6.7)$$

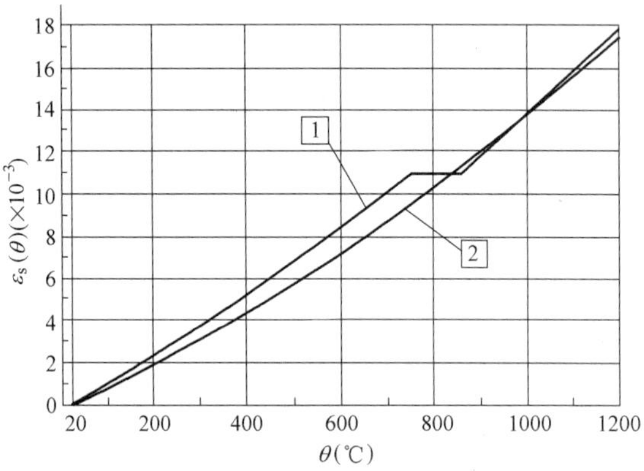

图 6.7　钢筋应变 $\varepsilon_s(\theta)$

1—钢筋；2—预应力钢筋

6.2.3.2　混凝土比热容

下面的计算是基于混凝土含水量 u 等于混凝土重量 1.5%的情况的。如图 6.8 所示，比热容为混凝土温度 θ 的函数：当 $u=1.5\%$，$c_{p,peak}=1470\text{J/(kg·K)}$。

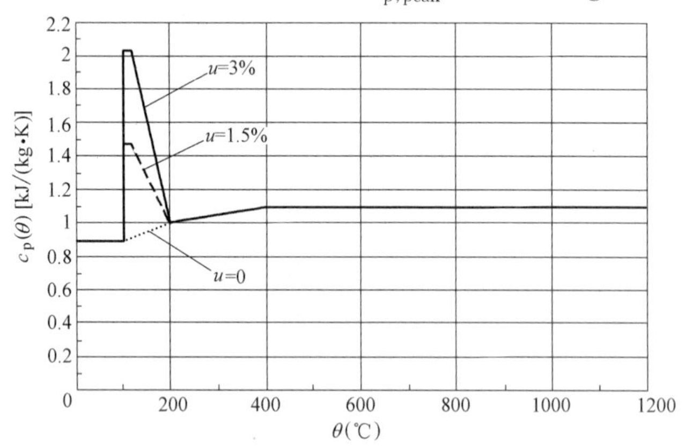

图 6.8　不同含水量时硅酸盐水泥混凝土的比热容 $c_p(\theta)$

6.2.3.3　混凝土导热系数

在一定的范围内，混凝土导热系数 λ_c 随温度 θ 的变化是由国家附录规定的。下面的式（6.8）～式（6.10）采用的是法国国家附录的公式，对应的曲线如图 6.9 所示。

$$\lambda_c=2-0.2451(\theta/100)+0.0107(\theta/100)^2[\text{W/(m·K)}] \quad (\theta\leqslant140℃) \quad (6.8)$$

$$\lambda_c=-0.02604\theta+5.324[\text{W/(m·K)}] \quad (140℃<\theta\leqslant160℃) \quad (6.9)$$

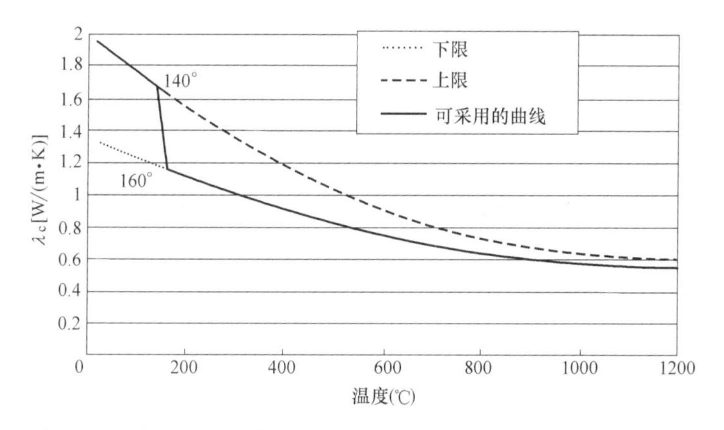

图 6.9　混凝土导热系数（EN 1992-1-2 欧洲规范的法国国家附录）

$$\lambda_c = 1.36 - 0.136\ (\theta/100) + 0.0057\ (\theta/100)^2\ [\mathrm{W/(m \cdot K)}]\ (\theta > 160℃) \quad (6.10)$$

6.2.3.4　混凝土和钢筋密度

受温度影响混凝土密度随混凝土失水率的变化见 EN 1992-1-2 的第 3 章。

6.2.4　钢筋混凝土构件（柱、梁和板）

6.2.4.1　柱 B2

根据第 3 章的设计结果，柱纵筋采用 12ϕ20（37.69cm^2），对称配筋，箍筋采用 ϕ12/200（图 6.10 和表 6.5）。

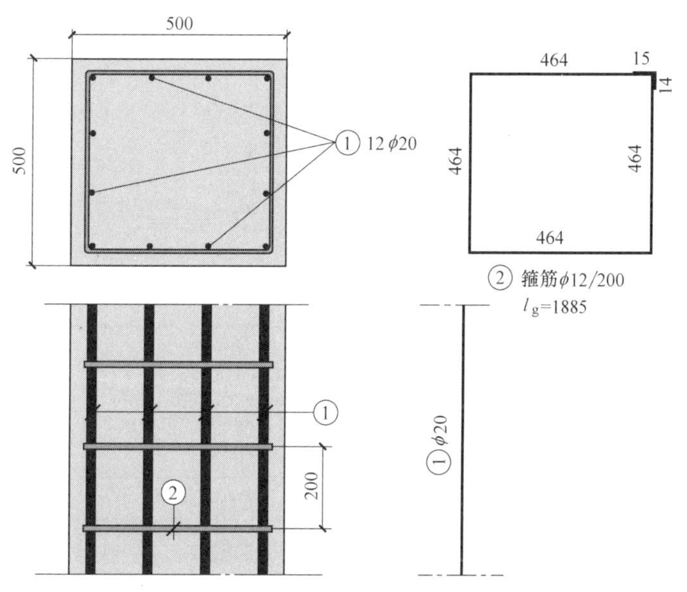

图 6.10　钢筋混凝土柱 B2 的配筋（单位：mm）

柱 B2 的配筋　　表 6.5

纵向	横向
12ϕ20	ϕ12/200

纵向钢筋中心到混凝土表面的距离：

$$a_{\text{column}}=30+12+20/2=52\text{mm}$$

6.2.4.2 ②轴的梁

②轴的梁为跨度为 7.125m 的连续梁，配筋见表 6.6。

②轴梁的纵向钢筋（上部和下部）和横向钢筋　　表 6.6

名称 1	边支座	跨中	内支座
上部	7ϕ12	2ϕ10	9ϕ12
下部	3ϕ16	3ϕ16	3ϕ16
箍筋	ϕ6/175	ϕ6/175	ϕ6/175

跨中截面钢筋中心到混凝土表面的最近距离 $a_{\text{mid-span,beam}}=44\text{mm}$，支座处截面钢筋中心到混凝土表面的最近距离 $a_{\text{support,beam}}=42\text{mm}$。

6.2.4.3 梁上的板

只考虑一种类型的板，即梁上的板。板的厚度 $h_{\text{slab}}=0.18\text{m}$，板的配筋如图 6.11、表 6.7 和表 6.8 所示。

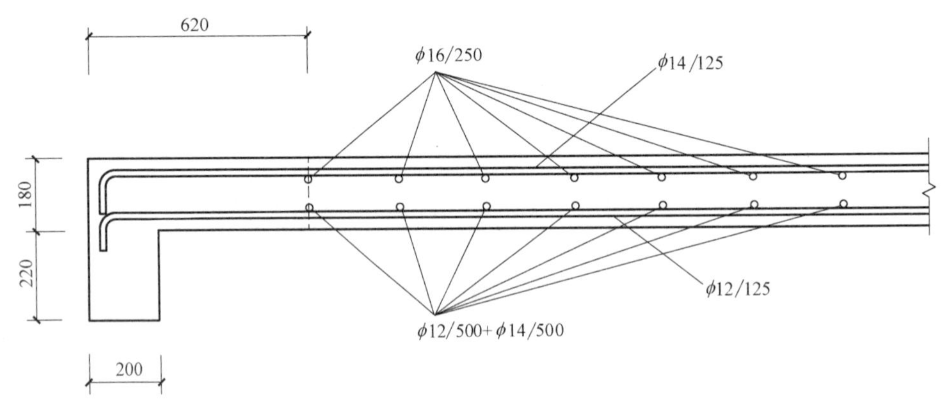

图 6.11　板钢筋的布置（单位：mm）

X 方向楼板的纵向受力钢筋　　表 6.7

名称 1	周边梁上板带(1.75m)	跨中板带(3.5m)	中间梁上板带(1.75m)
上部	ϕ14/250	ϕ14/125	ϕ14/250
下部	ϕ12/250	ϕ12/125	ϕ12/250

Y 方向楼板的纵向受力钢筋　　表 6.8

名称 1	周边梁上板带(1.5m)	跨中板带(3m)	中间梁上板带(1.5m)
上部	ϕ16/250	ϕ16/125	ϕ16/250
下部	ϕ12/500	ϕ12/250	ϕ12/500
	ϕ14/500	ϕ14/250	ϕ14/500

X 方向钢筋中心到混凝土表面的最近距离：

$$a_{x,\text{slab}}=c_{\text{com}}+\frac{\phi_x}{2}=30+\frac{12}{2}=36\text{mm} \quad (6.11)$$

Y 方向钢筋中心到混凝土表面的最近距离：

$$a_{y,\text{slab}}=c_{\text{com}}+\phi_x+\frac{\phi_y}{2}=30+12+\frac{14}{2}=49\text{mm} \tag{6.12}$$

6.2.5 荷载

热和力学作用按 EN 1991-1-2 确定。这些作用应按常温情况考虑，因为它们在火灾状况时可能也以相同的方式起作用。混凝土表面的辐射系数取 0.7（欧洲规范 EN 1992-1-2 第 2 章）。考虑下列荷载：

（1）根据混凝土密度 25kN/m^3 和板的尺寸确定的恒荷载 G_{slab}；

（2）永久荷载 G_{lmp}（抹面、磨耗层、挂件和隔墙）；

（3）可变荷载 Q_1。

为得到火灾发生期间的荷载效应 $E_{\text{fi,d,t}}$，力学作用按 EN 1990 的偶然设计状况进行组合。在法国，可变荷载 Q_1 的代表值取频遇值 $\psi_{1,1}Q_1$（按欧洲规范 EN 1990 附录 A 的表 A1.1，对于住宅，$\psi_{1,1}=0.5$）。

常温下荷载设计值为 $L_{\text{Ed}}=13.125\text{kN/m}^2$，火灾下为 $L_{\text{Ed,fi}}=8.5\text{kN/m}^2$（表 6.9），比值 $L_{\text{Ed,fi}}/L_{\text{Ed}}=0.65$。

板的外荷载 表 6.9

G_{slab}	G_{lmp}	Q_1	$L_{\text{Ed,fi}}$
4.5kN/m^2	3kN/m^2	2kN/m^2	8.5kN/m^2

比值 $l_x/l_y=0.84$。X 方向上的设计均布弯矩 $M_{\text{0Ed,fi,x-slab}}$ 为 15.9kN·m。Y 方向上的设计均布弯矩 $M_{\text{0Ed,fi,y-slab}}$ 为 10.7kN·m，且等于 $\mu_y M_{\text{0Ed,fi,x-slab}}$。

火灾状况下②轴上梁的最大弯矩可由第 3 章的设计弯矩乘以 0.65 得到。由此得均布弯矩 $M_{\text{0Ed,fi,beam}}=128.7\text{kN}\cdot\text{m}$。

火灾状况下柱的轴力 $N_{\text{Ed,fi}}=2849\text{kN}$（设计轴力 $N_{\text{Ed}}=4384\text{kN}$），端部弯矩 $M_{\text{0Ed,fi,column}}=14\text{kN}\cdot\text{m}$。

梁、板和柱的内力总结于表 6.10。

板、梁（②轴）和 B2 柱的内力 表 6.10

$M_{\text{0Ed,fi,x-slab}}$	$M_{\text{0Ed,fi,y-slab}}$	$M_{\text{Ed,fi,beam}}$	$N_{\text{Ed,fi,column}}$	$M_{\text{Ed,fi,column}}$
15.9kN·m	10.7kN·m	128.7kN·m	2849kN	14kN·m

6.3 查表方法

6.3.1 适用范围

对没有简化的计算模型的情况，欧洲规范 EN 1992-1-2 第 5 章给出了查表（基于试验或精细计算）的设计方法，该方法在规定的范围内有效，这时假定构件是独立的。除了那些由热梯度产生的间接火作用外，不考虑间接火作用。

规范表中的数据是经标准火暴露 240min 验证的设计结果。表中的最小截面尺寸和最小名义距离适用于普通硅质骨料混凝土。根据 EN 1992-1-2 第 5 章的规定，使用规范表中数据无须校核受剪、受扭承载力和爆裂。

规范表中的数据基于基准荷载水平 $\eta_{fi}=0.7$ 的情况。其他情况可对规范表中的数值进行线性插值得到（图 6.12）。

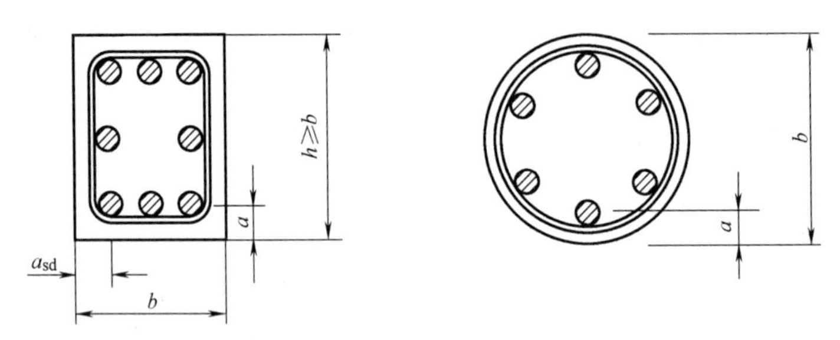

图 6.12　名义距离 a 和最小尺寸 b（EN 1992-1-2 第 5 章）

6.3.2　柱 500/52

规范表中的数值适用于有支承的结构。

为评估柱的耐火性，EN 1992-1-2 第 5 章中提供了两种分析方法（A 和 B)。这里采用方法 B。在使用规范表中数值之前，首先检验方法的有效性。

（1）常温条件下柱的荷载水平：

$$n_{column}=\frac{N_{0Ed,fi}}{0.7\times(A_c f_{cd}+A_s f_{yd})} \tag{6.13}$$

（2）火灾条件下的一阶偏心距：

$$e=\frac{M_{0Ed,fi}}{N_{0Ed,fi}} \tag{6.14}$$

此时 $e/b\leqslant0.25$（$e=0.004$）。

（3）假定 EN 1992-1-2 第 5 章注释 2 中火灾条件下柱的长细比 λ_{fi} 等于常温下的长细比 λ。

（4）常温下的力学配筋率：

$$\omega=\frac{A_s f_{yd}}{A_c f_{cd}} \tag{6.15}$$

上述所有参数汇总于表 6.11。

方法 B 的参数（列表数据）——B2 柱　　**表 6.11**

n	e	λ_{fi}	ω
0.61	0.004	22.5	0.33

根据表 6.12，通过线性内插得到对应于 $\omega=0.33$ 和 $n=0.61$ 要求的柱的最小尺寸为 $b_{min}/a=500/46$。因此柱的耐火能力为 R90。

矩形或圆形钢筋混凝土柱的耐火性、最小柱尺寸和名义中心距离（EN 1992-1-2 第 5 章）

表 6.12

标准抗火等级	力学配筋率 ω	最小尺寸(mm)，柱宽度 b_{min}/中心距离 a			
		n=0.15	n=0.3	n=0.5	n=0.7
1	2	3	4	5	6
R30	0.100	150/25*	150/25*	200/30:250/25*	300/30:350/25*
	0.500	150/25*	150/25*	150/25*	200/30:250/25*
	1.000	150/25*	150/25*	150/25*	200/30:300/25*
R60	0.100	150/30:200/25*	200/40:300/25*	300/40:500/25*	500/25*
	0.500	150/25*	150/35:200/25*	250/35:350/25*	350/40:550/25*
	1.000	150/25*	150/30:200/25*	200/40:400/25*	300/50:600/30
R90	0.100	200/40:250/25*	300/40:400/25*	500/50:550/25*	550/40:600/25*
	0.500	150/35:200/25*	200/45:300/25*	300/45:550/25*	500/50:600/40
	1.000	200/25*	200/40:300/25*	250/40:440/25*	500/50:600/45
R120	0.100	250/50:350/25*	400/50:550/25*	550/25*	550/60:600/45
	0.500	200/45:300/25*	300/45:550/25*	450/50:600/25*	500/60:600/50
	1.000	200/40:250/25*	250/50:400/25*	450/45:600/30	600/60
R180	0.100	400/50:500/25*	500/60:550/25*	550/60:600/30	(1)
	0.500	300/45:450/25*	450/50:600/25*	500/60:600/50	600/75
	1.000	300/35:400/25*	450/50:550/25*	500/60:600/45	(1)
R240	0.100	500/60:550/25*	550/40:600/25*	600/75	(1)
	0.500	450/45:500/25*	550/55:600/25*	600/70	(1)
	1.000	400/45:500/25*	500/40:600/30*	600/60	(1)

注：* 通常由 EN 1992-1-1 要求的保护层厚度控制。

（1）表示要求宽度大于 600 mm，需要对屈曲进行专门评估。

6.3.3　梁 250/44

EN 1992-1-2 第 5 章列表中的数据适用于三面暴露于火中的梁。在整个火灾过程中，本结构梁的上表面被板隔离。

梁的宽度 $b_{w,beam}$ 为常数（等于 0.25m）。对于 R30～R240 标准抗火的情况，表 6.13 给出了钢筋中心到连续梁下表面距离的最小值和梁的最小宽度。

梁只配置一层钢筋。在表 6.13 第 2 列与第 3 列之间内插得到宽度为 250mm、中心距离为 40mm。然而，对于宽度小于第 3 列值的情况，需要增加 a 的值。因此，对于 R120，a_{sd}=45mm(35+10mm)。

连续梁可保证其承载力持续 90min。对于抗火等级为 R90 及以上的情况，上部钢筋的面积大于中间支座钢筋的面积。从支座中心线起算的距离 0.3L_{eff} 是足够的（EN 1992-1-2 第 5 章）。需要说明的是，这里假定常温设计下弯矩重分布不超过 15%，否则应将连续梁视为简支梁。

钢筋混凝土连续梁的最小尺寸和中心距离（EN 1992-1-2 第 5 章） 表 6.13

标准抗火等级	最小尺寸(mm)						
	a 与 b_{min} 的可能组合，其中 a 为平均中心距离，b_{min} 为梁的宽度				腹板宽度 b_w		
					WA 级	WB 级	WC 级
1	2	3	4	5	6	7	8
R30	$b_{min}=80$	160			80	80	80
	$a=15*$	12*					
R60	$b_{min}=120$	200			100	80	100
	$a=25$	12*					
R90	$b_{min}=150$	250			110	100	100
	$a=35$	25					
R120	$b_{min}=200$	300	450	500	130	120	120
	$a=45$	35	35	30			
R180	$b_{min}=240$	400	550	600	150	150	140
	$a=60$	50	50	40			
R240	$b_{min}=280$	500	650	700	170	170	160
	$a=75$	60	60	50			
$a_{sd}=a+10$mm(见下面的注释)							

注：1. 对于预应力混凝土梁，应按 EN 1992-1-2 的第 5.2（5）节增加中心距离。

2. 对于只有一层钢筋的梁，a_{sd} 为角部钢筋（预应力筋或钢绞线）到梁侧边的距离。对于 b_{min} 大于表第 3 列数值的情况，无须增加 a_{sd}。

3. * 要求的混凝土保护层通常由 EN 1992-1-1 控制。

6.3.4 板 180/36/49

如果满足表 6.14 中的要求，则钢筋混凝土板的抗火能力是适当的。最小板厚 h_s 确保了足够的隔离功能（准则 E 和 I）。

本结构中，连续的实心双向板四边受到支承。表 6.14 中的值（第 2 列和第 4 列）适用于单向或双向板。

Y 方向和 X 方向的比值 $l_y/l_x=1.32<1.5$，可采用表 6.14 的第 2 列和第 4 列进行设计。需要说明的是，假定环境温度下弯矩重分布不超过 15%。

钢筋混凝土简支单向和双向实心板的最小尺寸和中心距离（EN 1992-1-2 第 5 章）

表 6.14

标准抗火等级	最小尺寸(mm)			
		中心距离 a		
	板厚 h_s(mm)	单向板	双向板	
			$l_y/l_x\leqslant 1.5$	$1.5<l_y/l_x\leqslant 2$
1	2	3	4	5
REI30	60	10*	10*	10*
REI60	80	20	10*	15*

续表

标准抗火等级	最小尺寸(mm)			
		中心距离 a		
	板厚 h_s(mm)	单向板	双向板	
			$l_y/l_x \leq 1.5$	$1.5 < l_y/l_x \leq 2$
REI90	100	30	15*	20
REI120	120	40	20	25
REI180	150	55	30	40
REI240	175	65	40	50

注：1. l_x 和 l_y 为双向板的两个跨度（两个垂直方向），l_y 为较长的跨度。
2. 对于预应力混凝土梁，应按 EN 1992-1-2 第 5.2（5）节增加中心距离。
3. 表中第 4 列和第 5 列的中心距离 a 是针对四边支承双向板的，其他情况应按单向板考虑。
4. * 要求的混凝土保护层通常由 EN 1992-1-1 控制。

法国国家附录给出了支座转动能力的附加规定。对于连续板，如果与板厚度有关的条件通过验证［式（6.16）］，采用表 6.14 第 5 列的中心距离，则可不进行抗火计算。

连续板可保持其承载力达 180min。按保持承载力 240min 考虑，X 方向钢筋最小中心距离（36mm）小于表 6.14 中的 40mm，如果采用法国国家附录，根据表 6.14 的第 5 列可得 Y 方向钢筋的中心距离为 50mm（大于 49mm）。

对于支座，法国国家附录要求，环境温度下有至少承担 50%弯矩的钢筋布置在至少等于 1/3 最大连续跨度的范围内。板的厚度条件为：

$$h > -h_0 + \frac{b_0}{\frac{100\Omega_R}{L} - a_0} \tag{6.16}$$

式中　Ω_R——基于钢筋性能的塑性铰限值：

（1）$\Omega_R = 0.25$，A 类（钢筋或钢棒）；

（2）$\Omega_R = 0.25$，B 类（钢筋或钢棒）；

（3）$\Omega_R = 0.08$，钢丝网；

L——支座两侧理想跨度和的一半；Y 方向 $L = 7.125$m，X 方向 $L = 5.40$m；

a_0、b_0、h_0——系数，见表 6.15。

系数 a_0、b_0 和 h_0 的值　　表 6.15

REI	a_0	b_0	h_0
30	−1.81	0.882	0.0564
60	−2.67	1.289	0.0715
90	−3.64	1.868	0.1082
120	−5.28	3.097	0.1860
180	−40.20	105.740	2.2240

计算得到不同耐火时间的板厚度见表 6.16（$\Omega_R = 0.25$）。

板的最小厚度（$\Omega_R=0.25$） 表 6.16

$\Omega_R=0.25$	$L=7.125$m（Y 方向）	$L=5.40$m（X 方向）
30min	0.109m	0.081m
60min	0.137m	0.105m
90min	0.153m	0.118m
120min	0.166m	0.127m
180min	0.195m	0.135m

从表 6.16 可以看出，板可保持其承载力 120min，但达不到维持 180min 的要求（0.195m$>h_{slab}$）。

6.3.5 总结

表 6.17 给出了查表得到的本结构构件的耐火等级 R。

构件维持承载力的时间 表 6.17

方法	柱	梁	板
查表方法	R90	R90	R120

6.4 简化计算方法

6.4.1 计算方法

本节中，认为各构件是孤立的。除产生的热梯度外，不考虑间接火作用。

采用简化计算方法确定相关荷载组合下受热截面的极限承载力。在火灾状况下，验证设计荷载效应 $E_{d,fi}$ 小于或等于相应的设计抗力 $R_{d,t,fi}$。

使用法国开发的 Cim′Feu EC2 软件和混凝土热性能（第 6.2.3 节），计算标准暴露条件下混凝土截面的温度分布。

EN 1992-1-2 第 4 章和 EN 1992-1-2 附录 B 介绍了三种简化方法：

（1）500℃等温线法。这种方法适用于标准火灾条件和其他在暴露的构件中产生相似温度场的情况，可按耐火和火作用密度确定构件最小截面宽度（见 EN 1992-1-2 附录 B 的表 B1）。假定受损混凝土的厚度 a_{500} 等于截面受压区 500℃等温线的平均厚度，温度超过 500℃的混凝土对构件承载力没有贡献，剩余混凝土截面仍能保持其初始强度和弹性模量。

（2）分区法。这种方法能够得到比上一种方法更为精确的结果，特别是柱，但仅适用于标准温度-时间曲线。受损的截面用减小的截面表示，忽略暴露于火一侧的受损厚度 a_z。

（3）基于曲率估计的方法。基于曲率估计的方法用于二阶效应明显的柱，分析弯矩和轴向力共同作用下钢筋混凝土的截面。这种方法侧重于曲率计算（EN 1992-1-1 第 5 章）。

6.4.2　柱

研究表明，火灾条件下柱的结构性能较大程度受二阶效应的影响。由于高温作用柱受损的外层和柱内部弹性模量的降低共同导致柱的刚度减小。因此，根据 EN 1992-1-2 附录 B，将火灾条件下的钢筋混凝土构件视为孤立构件，基于曲率分析，提出计算弯矩和轴向力共同作用下钢筋混凝土截面承载能力的方法。曲率的计算方法见 EN 1992-1-2 第 5 章。

作为一种保守的简化方法，可假定火灾情况下柱的有效长度 $l_{0,\mathrm{fi,column}}$ 等于常温下柱的有效长度 $l_{0,\mathrm{column}}$（$l_{0,\mathrm{fi,column}}=3.1\mathrm{m}$，见第 3 章）。

第 1 步，不考虑钢筋的存在，使用 CIM′feu EC2 软件计算 180min 标准火暴露条件下混凝土截面的温度场，如图 6.13 所示。混凝土的热性能见第 6.2.3 节。

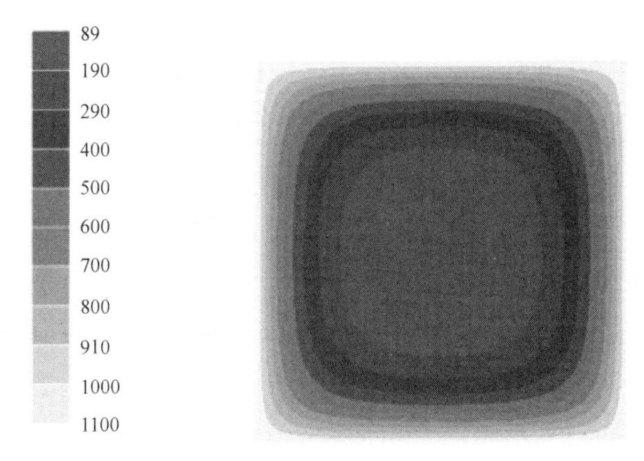

图 6.13　混凝土柱截面的温度场

第 2 步，确定钢筋重心处的温度，见表 6.18。计算每根钢筋的强度折减系数 $k_s(\theta)$。

钢筋的温度和强度折减　　表 6.18

序号	ϕ(mm)	A_s (mm²)	x (mm)	y (mm)	T (℃)	$k_s(\theta)$	$A_s k_s(\theta)$ (mm²)	$k_s(\theta) f_{yd}(\theta)$ (MPa)	$k_s(\theta) f_{yd}(\theta) A_s$ (MN)
1	20	314	52	52	741.4	0.116	36	57.93	0.018
2	20	314	202	52	488.6	0.701	220	350.39	0.110
3	20	314	298	52	488.6	0.701	220	350.39	0.110
4	20	314	448	52	741.4	0.116	36	57.93	0.018
5	20	314	52	202	488.6	0.701	220	350.39	0.110
6	20	314	448	202	488.6	0.701	220	350.39	0.110
7	20	314	52	298	488.6	0.701	220	350.39	0.110
8	20	314	448	298	488.6	0.701	220	350.39	0.110
9	20	314	52	448	741.4	0.116	36	57.93	0.018
10	20	314	202	448	488.6	0.701	220	350.39	0.110
11	20	314	298	448	488.6	0.701	220	350.39	0.110
12	20	314	448	448	741.4	0.116	36	57.93	0.018
Σ							1904		0.952

在火灾条件下混凝土和钢筋的强度分别为：

（1）混凝土：$f_{cd,fi,column}(20℃)=30/1=30MPa$

（2）钢筋：$f_{yd,fi,column}(20℃)=500/1=500MPa$

表 6.18 表明，$A_s f_{yd,fi}(\theta)=0.952MN$。根据 EN 1992-1-2 附录 B，宽度为 500mm 的柱在标准火中暴露 180min 时混凝土受损的厚度 $a_{500,column}=60mm$。所以 $A_c f_{cd,fi}(\theta)=4.33$ MN（表 6.19）。

根据 EN 1992-1-2 附录 B 确定的混凝土受损厚度 a_z **表 6.19**

暴露时间	a_z(mm)	$A_{c,fi}$(cm^2)	$A_{c,fi}f_{cd,fi}$(MN)
R90	40.6	1754	5.26
R120	49.8	1603	4.81
R180	60	1444	4.33

第 6.2.5 节已经得到轴力 $N_{Ed,fi,column}=2.849MN$，弯矩 $M_{Ed,fi,column}=14kN\cdot m$。

考虑附加偏心（缺陷的影响，见 EN 1992-1-2 第 5 章和本书第 3 章）的一阶偏心距 $e_{0,column}=0.033m$。火灾情况下的一阶弯矩为 $M_{0,Ed,fi,column}=108\ kN\cdot m$。

针对每根钢筋和每一区域的混凝土，利用其应力-应变关系，计算确定轴力 $N_{Ed,fi,column}$ 作用下的弯矩-曲率曲线（图 6.14），从而得到不同曲率下的抵抗弯矩和最大受弯承载力 $M_{Rd,fi,column}$，即曲率为 $(1/r)_{fi,column}=0.035\ m^{-1}$ 时柱最大受弯承载力为 $M_{Rd,fi,column}=246\ kN\cdot m$。

对应于最大弯矩 $M_{Rd,fi,column,max}$ 曲率的名义二阶弯矩 $M_{2,fi,column}$ 为（EN 1992-1-1 第 5 章）：

$$M_{2,ft}=N_{Ed,fi}\frac{1}{r}\frac{l_0^2}{c}=2849\times0.035\times\frac{3.1^2}{\pi^2}=96kN\cdot m \tag{6.17}$$

式中　c——与曲率分布有关的参数（$c=\pi^2$）。

剩余一阶受弯承载力 $M_{0,Rd,fi,column,max}$ 为极限受弯承载力与二阶名义弯矩之差：

$$M_{0Rd,fi,column,max}=M_{Rd,fi,column}-M_{2,fi}=246-96=150kN\cdot m \tag{6.18}$$

将火灾条件下的剩余一阶极限受弯承载力 $M_{0,Rd,fi,column}$ 与一阶弯矩 $M_{0,Ed,fi,column}$ 进行比较得：

$$M_{0,Rd,fi,column}=150kN\cdot m>M_{0,Ed,fi,column}=108kN\cdot m$$

柱的耐火能力为 $R=180min$。所有计算结果汇总于表 6.20。

火灾中暴露 180min 柱的弯矩计算结果 **表 6.20**

$M_{Rd,fi,column}$	$M_{0,Rd,fi,column}$	$M_{2,fi,column}$	$M_{0,Ed,fi,column}$	$N_{0,Ed,fi,column}$	$(1/r)_{fi,column}$
246kN·m	150kN·m	96kN·m	108kN·m	2849kN	0.035 m^{-1}

6.4.3 连续梁

跨中、内支座和端支座的计算是以设计弯矩（第 6.2.5 节）、梁尺寸（第 6.2.4 节）、钢筋截面和混凝土保护层（第 6.2.5 节）为基础求得的。

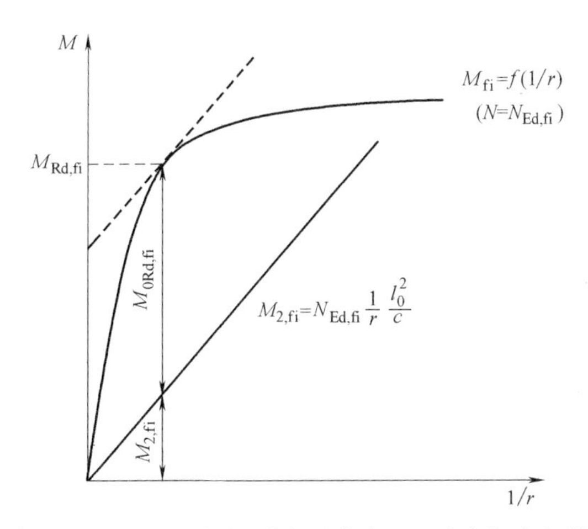

图 6.14　不同曲率（1/r）下柱的极限受弯承载力、二阶弯矩和极限一阶受弯承载力（EN 1992-1-2 附录 B）

6.4.3.1　跨中

首先，忽略钢筋的存在，采用软件 CIM′feu EC2 确定在标准火中暴露 120min 的混凝土截面温度场，如图 6.15 所示。混凝土热性能见本书第 6.2.3 节。

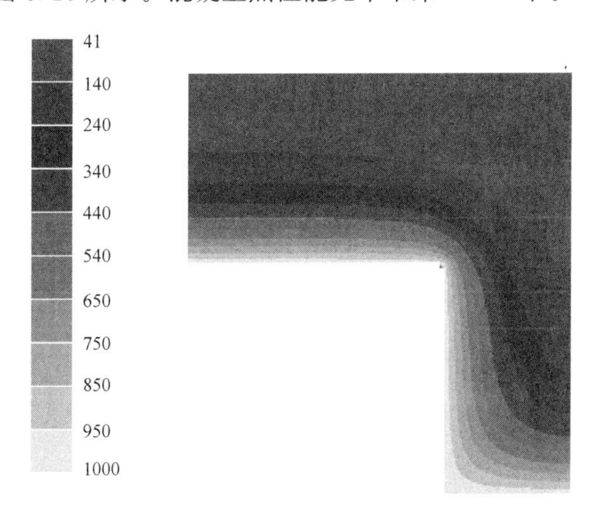

图 6.15　混凝土梁截面的温度场

温度和火中暴露 120min 钢筋的强度折减系数见表 6.21。

②轴连续梁跨中火中暴露 120min 钢筋的面积和受拉承载力的折减　　**表 6.21**

层数	钢筋	A_s(cm²)	T(℃)	k_s	k_sA_s(cm²)	F_s(kN)
1	1ϕ16	2.01	507	0.65	1.31	65.5
1	2ϕ16	4.02	677	0.18	0.72	36
Σ	3ϕ16	6.03	—	—	2.03	101.5

火中暴露 120min 后钢筋的总拉力为 $F_{s,fi,mid-span,beam}=101.5$kN，梁截面有效高度为 $d_{mid-span,beam}=356$mm，平衡力引起的有效受压区高度为 8.82mm，内力臂为 $z_{mid-span,beam}=352$mm。跨中受弯承载力为 $M_{Rd,fi,mid-span,beam}=36$kN·m。

6.4.3.2 内支座

火中暴露 120min 后钢筋的总拉力为 $F_{s,fi,intermediate,beam}=508.5kN$。如前所述，EN 1992-1-2 第 4 章允许采用简化计算方法确定受热截面的极限承载力并与相应组合的荷载效应进行比较。在这种情况下，也可采用 500℃等温线方法，因为火灾是标准暴露条件，暴露时间为 120min，梁截面宽度 $b_w=250mm$ 大于 160mm。假定热损伤区在混凝土表面，采用该方法可确定梁截面尺寸的减小。即认为温度超过 500℃的受损混凝土对构件的承载力没有贡献，而剩余的混凝土截面保持其初始强度和弹性模量。

火灾条件下计算梁内支座截面抗力的计算步骤如下：

（1）根据截面温度场确定标准火暴露下 500℃的等温线。

（2）扣除 500℃等温线外的混凝土，确定宽度 $b_{w,fi}$ 和截面有效高度 d_{fi}（图 6.16），得 $b_{w,fi}=160mm$ 和 $d_{fi}=278mm$。

（3）确定受拉钢筋的温度及强度的降低（表 6.22）。

钢筋火中暴露 120min 后的总拉力为 $F_{s,fi,intermediate\ support,beam}=508.5kN$。

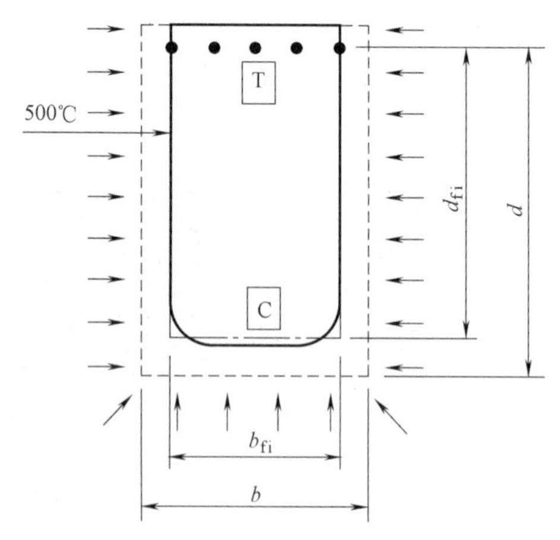

图 6.16 三面暴露于火中的支座处钢筋混凝土梁截面和截面的减小（EN 1992-1-2 附录 B）

②轴连续梁内支座火中暴露 120min 钢筋的温度、面积和受拉承载力折减　　表 6.22

钢筋层	钢筋	A_s(cm^2)	T(℃)	k_s	k_sA_s(cm^2)	F_s(kN)
1	1ϕ12	1.13	50	1	1.13	56.5
1	2ϕ12	2.26	93	1	2.26	113
1	2ϕ12	2.26	99.5	1	2.26	113
1	2ϕ12	2.26	99.5	1	2.26	113
1	2ϕ12	2.26	99.5	1	2.26	113
Σ	9ϕ12	10.17	—	—	10.17	508.5

（4）计算极限承载力

受拉钢筋与混凝土间的力臂 $z_{intermediate,beam}=256mm$，火灾下内支座截面的受弯承载力 $M_{Rd,fi,intermediate,beam}=130kN\cdot m$。

6.4.3.3　端支座

火灾情况下计算梁端支座处截面受弯承载力的方法与内支座相同：

（1）确定标准火暴露下 500℃的等温线。

（2）扣除 500℃等温线外的混凝土，确定新的截面宽度 $b_{w,fi}$ 和有效高度 d_{fi}（图 6.16）：$b_{w,fi}=160mm$ 和 $d_{fi}=278mm$。

（3）确定受拉钢筋的温度和损失后的强度（表 6.23）。

②轴连续梁端部支座火中暴露 120min 钢筋的温度、面积和受拉承载力折减　表 6.23

层数	钢筋	$A_s(cm^2)$	T(℃)	k_s	$k_sA_s(cm^2)$	F_s(kN)
1	1ϕ12	1.13	50	1	1.13	56.5
1	2ϕ12	2.26	73.5	1	2.26	113
1	2ϕ12	2.26	82	1	2.26	113
1	2ϕ12	2.26	82	1	2.26	113
Σ	7ϕ12	7.92	—	—	7.94	396

火中暴露 120min 钢筋的总拉力 $F_{s,fi,intermediate\ support,beam}=396kN$，受拉钢筋与混凝土间的力臂 $z_{end,beam}=256mm$，火灾下端部支座截面的受弯承载力 $M_{Rd,fi,end,beam}=101kN \cdot m$。

6.4.3.4　总结

连续梁的受弯承载力 $M_{Rd,fi,beam}$ 见表 6.24。

②轴梁的受弯承载力和设计弯矩（kN·m）　表 6.24

$M_{Rd,fi,mid-span,beam}$	$M_{Rd,fi,intermediate\ support,beam}$	$M_{Rd,fi,end-support,beam}$	$M_{Rd,fi,beam}$	$M_{0,Ed,fi,beam}$
36	130	101	151.50	128.7

比较总受弯承载力 $M_{Rd,fi,beam}$ 与梁的等静弯矩 $M_{0,Ed,fi,beam}$：

$$M_{Rd,fi,beam}=151.50kN \cdot m > M_{0,Ed,fi,beam}=128.7kN \cdot m$$

梁的抗火能力为 $R=120min$。

6.4.4　双向板

根据设计弯矩（表 6.9 和表 6.10）、板的几何尺寸（第 6.2 节）和钢筋的截面面积及保护层厚度（表 6.7 和表 6.8），对板的两个方向（X 和 Y）进行计算。

首先，忽略钢筋的存在，采用 CIM'feu EC2 软件计算板火中暴露 180min 混凝土截面的温度曲线，如图 6.17 所示。混凝土热性能见第 6.2 节，表 6.25 和表 6.26 给出了两个方向钢筋中心的温度和相应的强度折减系数 $k_s(\theta)$。

连续板跨中和支座处火中暴露 180min 钢筋的温度、面积和受拉承载力折减（X 方向）　表 6.25

	钢筋	$A_s(cm^2)$	T(℃)	k_s	$k_sA_s(cm^2)$	F_s(kN)
跨中	8ϕ12	9.05	619	0.3468	3.14	157
支座处	4ϕ14	6.16	140.4	1	6.16	308

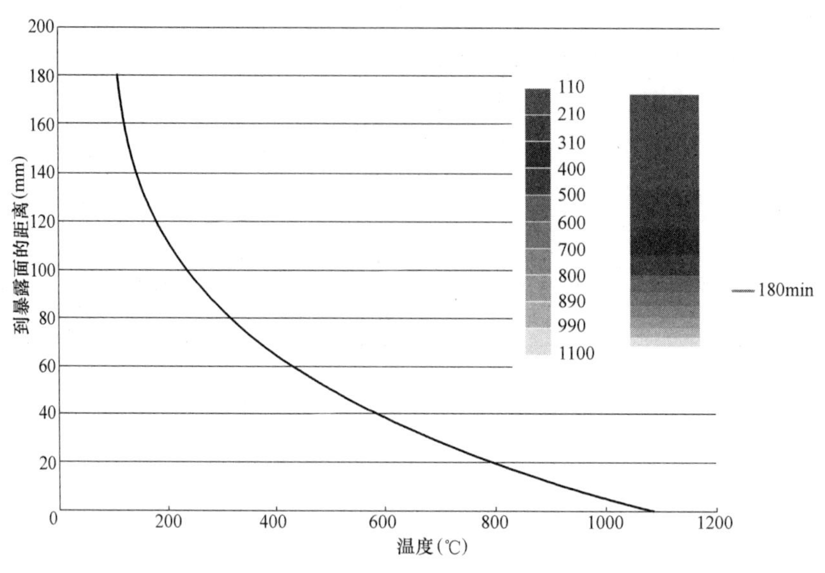

图 6.17　板的温度分布

连续板跨中和支座处火中暴露 180min 钢筋的温度、面积和受拉承载力的折减（Y 方向）

表 6.26

	钢筋	A_s(cm^2)	T(℃)	k_s	k_sA_s(cm^2)	F_s(kN)
跨中	4ϕ12+4ϕ14	10.68	497	0.68	7.24	362
支座处	4ϕ16	8.04	164	1	8.04	402

分别对两个方向进行计算。

（1）X 方向

板火中暴露 180min 后跨中截面钢筋的总拉力 $F_{s,fi,mid-span,x-slab}=157kN$。板的有效高度 $d_{mid-span,x-slab}=144mm$，受压区有效高度为 1.3mm，内力臂 $z_{mid-span,slab}=143.3mm$。火灾下板跨中截面受弯承载力为 $M_{Rd,mid-span,x-slab}=22.5kN\cdot m/m$，支座截面受弯承载力为 $M_{Rd,fi,support,x-slab}=36\ kN\cdot m/m$。

板总受弯承载力为 $M_{Rd,fi,x-slab}=36+22.5=58.50kN\cdot m/m$，X 方向的设计弯矩为 $M_{Ed,fi,x-slab}=15.9kN\cdot m/m$。所以，火中暴露 180min 后板 X 方向的极限承载力满足要求。

（2）Y 方向

板火中暴露 180min 后跨中截面钢筋总拉力 $F_{s,fi,mid-span,y-slab}=362kN$。板有效高度 $d_{mid-span,y-slab}=131mm$，受压区有效高度为 14.6mm，内力臂 $z_{mid-span,slab}$ 为 122mm。火灾下板跨中截面受弯承载力 $M_{Rd,mid-span,y-slab}=44.14kN\cdot m/m$，支座截面受弯承载力为 $M_{Rd,fi,support,y-slab}=39.70kN\cdot m/m$。

板总受弯承载力为 $M_{Rd,fi,y-slab}=44.14+39.70=83.84\ kN\cdot m/m$，Y 方向的设计弯矩为 $M_{Ed,fi,y-slab}=10.7kN/m$。所以，火中暴露 180min 后板 Y 方向的极限承载力满足要求。

双向板的所有分析结果（X 和 Y 方向）汇总于表 6.27。双向板的抗火能力为 $R=180min$。

双向板的受弯承载力和设计弯矩（kN・m / m）　　表 6.27

$M_{Rd,fi,x-slab}$	$M_{Ed,fi,x-slab}$	$M_{Rd,fi,y-slab}$	$M_{Ed,fi,y-slab}$
58.50	15.9	83.84	10.7

6.5　高级计算方法

火灾状况下基于基本物理性能的高级计算方法，是针对结构“整体”的计算方法（对整个结构进行分析），这种方法提供了相对较为真实的结果，通过结构整体考虑了间接火作用。整体结构分析能够反映火灾条件下结构的相关破坏形式，考虑材料性能和构件刚度随温度的变化、热膨胀和变形效应（EN 1992-1-2 第 2 章）。

高级计算方法的内容包括（EN 1992-1-2 第 4 章）：

（1）基于热传递理论和 EN 1992-1-2 第 4 章热作用的热响应。假定已知相关温度范围内材料（混凝土和钢筋）的性能，可采用任何热曲线进行分析。

（2）考虑力学性能随温度变化的力学响应模型。应考虑由温度和温度差引起的热应变和应力，确保结构各部件间的协调（变形限制），同时考虑几何非线性效应。可对允许的变形进行分区，特别要注意边界条件。

6.6　结论

可采用查表方法和简化方法确定结构柱、梁和板的耐火能力，计算结果是基于对构件的分析。采用简化方法得到的耐火时间偏长，见表 6.28。采用高级计算方法可得到部分结构或整个结构承载时间的更准确估计。

采用查表方法和简化方法计算的构件承载时间　　表 6.28

方法	柱	梁	板
查表方法	R90	R90	R120
简化方法	R180	R120	R180

参考文献

[1] EN 1990：2003. Eurocode 0：Basis of Structural Design. CEN. EN 1991-1-1：2003. Eurocode 1：Actions on Structures. Part 1-1：General Actions-Densities，Selfweight and Imposed Loads for Buildings. CEN.

[2] EN 1991-1-2：2003. Eurocode 1：Actions on Structures. Part 1-2：General Actions，Actions on Structures Exposed to Fire. CEN.

[3] EN 1992-1-1：2005. Eurocode 2：Design of Concrete Structures. Part 1-1：General Rules and Rules for Buildings. CEN.

[4] EN 1992-1-2：2005. Eurocode 2：Design of Concrete Structures. Part 1-2：General Rules-Structural Fire Design. CEN.

附录 A

欧洲规范 7：岩土工程设计——第 1 部分：一般规定附录 D（信息性）：地基承载力计算理论方法

A.1　符号

下面为欧洲规范 7 附录 D.3 采用的符号：

$A'=B'\times L'$——设计基础有效面积；

B_c——基础倾斜系数设计值，下标为 c（排水条件下为 q 和 γ）；

B——基础宽度；

B'——基础有效宽度；

D——埋置深度；

E——合力的偏心距，下标为 B 和 L；

i——荷载引起的基础倾斜系数，下标为 c（排水条件下为 q 和 γ）；

L——基础长度；

L'——基础有效长度；

q——基础上覆土压力；

s——基础形状系数，下标为 c（排水条件下为 q 和 γ）；

V——竖向荷载；

α——基础相对于水平方向的倾角；

γ——基础下土的设计有效重度。

图 A.1 给出了所采用的符号。

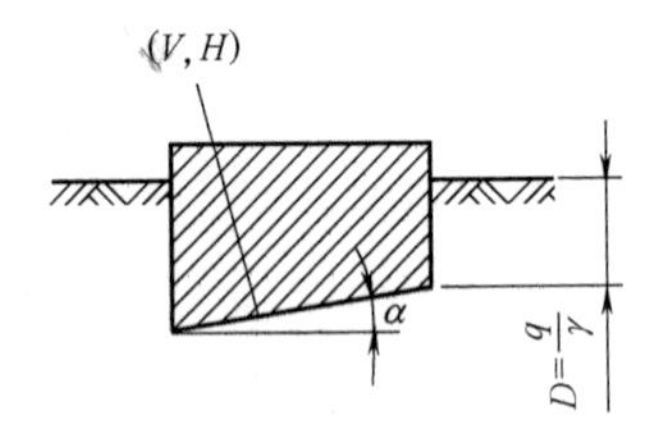

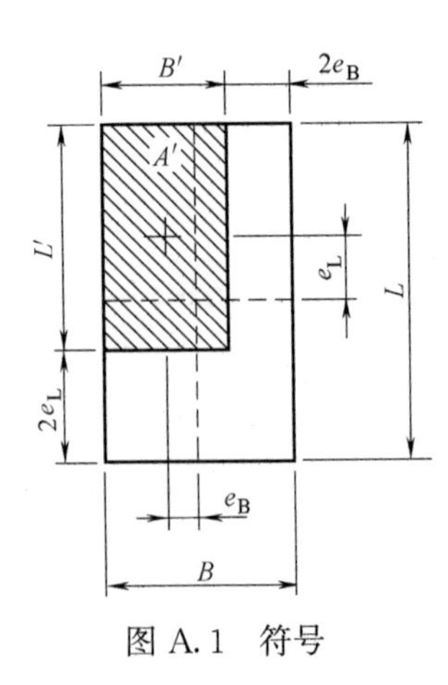

图 A.1　符号

A.2　不排水条件下的地基承载力

地基承载力设计值可按下式计算：

$$R/A'=(\pi+2)c_u b_c s_c i_c+q \quad (A.1)$$

其中

基础倾斜度：$b_c=1-2\alpha/(\pi+2)$

基础形状系数：

$s_c=1+0.2\ (B'/L')$　矩形基础

$s_c=1.2$　方形或圆形基础

水平荷载引起的基础倾斜系数：

$$i_c=\frac{1}{2}\left(1+\sqrt{1-\frac{H}{A'c_u}}\right)\qquad (H\leqslant A'c_u)$$

附录 B

欧洲规范 7：岩土工程设计——第 2 部分：岩土调查和测试附录 E　旁压试验（PMT）的 E. 2：扩展基础沉降计算方法

下面为采用 Ménard 旁压半经验方法计算扩展基础沉降 s 的方法。该方法取自于法国 *Ministere de l' Equipment du Logement et des Transport*（1993）报告。其他信息见 EN 1997-2，附录 X，X3.2 节。

基础沉降计算公式为：

$$s=(q-\sigma_{v0})\times\left[\frac{2B_0}{9E_d}\times\left(\frac{\lambda_d B}{B_0}\right)^{\alpha}+\frac{\alpha\lambda_c B}{9E_c}\right]$$

式中 B_0——基准宽度，取 0.6m；

B——基础宽度；

λ_d、λ_c——表 B.1 中的形状系数；

α——表 B.2 中的流变系数；

E_c——基础下各层土的 Ménard 旁压模量 E_M 加权值；

E_d——基础下 $8B$ 范围内所有土层的调和平均值（倒数平均值）；

σ_{v0}——基础底部的总（初始）覆土应力；

q——作用于基础的竖向设计压力。

扩展基础沉降的形状系数 λ_d 和 λ_c **表 B.1**

L/B	圆形	方形	2	3	5	20
λ_d	1	1.12	1.53	1.78	2.14	2.65
λ_c	1	1.1	1.2	1.3	1.4	1.5

扩展基础的流变系数 α **表 B.2**

地基土类型	描述	E_M/p_{LM}	α
泥炭			1
黏土	超固结	<16	1
	正常固结	9～16	0.67
	重塑	7～9	0.5
粉土	超固结	>14	0.67
	正常固结	5～14	0.5
砂土		>12	0.5
		5～12	0.33
砂砾		>10	0.33
		6～10	0.25
岩石	大部分破碎		0.33
	无风化		0.5
	风化		0.67